# 风电机组传动系统
# 大数据智能运维

吕中亮　周传德　著

中国石化出版社

## 内 容 提 要

本书从风电机组传动系统的智能运维角度出发，对风电机组传动系统构成、风电机组传动系统故障诊断的方法、微弱故障信号增强方法、微弱故障信号特征提取方法、故障诊断的浅层学习方法及基本理论、深度学习方法及基本理论、风电机组传动系统故障诊断系统的设计，进行了较系统的介绍和讨论。

本书可供从事风电机组传动系统测试、运维等方面工作的专业技术人员使用，也可作为高等院校机械相关专业研究生的参考教材。

## 图书在版编目（CIP）数据

风电机组传动系统大数据智能运维／吕中亮，周传德著 . —北京：中国石化出版社，2022.6
ISBN 978-7-5114-6713-3

Ⅰ . ①风… Ⅱ . ①吕… ②周… Ⅲ . ①风力发电机-机组-电力传动系统-智能系统-运行②风力发电机-机组-电力传动系统-智能系统-维修 Ⅳ . ①TM315

中国版本图书馆 CIP 数据核字（2022）第 088713 号

**中国石化出版社出版发行**

地址:北京市东城区安定门外大街 58 号
邮编:100011 电话:(010)57512500
发行部电话:(010)57512575
http://www.sinopec-press.com
E-mail:press@sinopec.com
北京富泰印刷有限责任公司印刷
全国各地新华书店经销
\*
710×1000 毫米 16 开本 6.25 印张 90 千字
2022 年 6 月第 1 版 2022 年 6 月第 1 次印刷
定价:65.00 元

根据业内人士预测，我国目前风电装机的年需求约为 1300 万~1500 万千瓦，并呈逐年增长的趋势，并且单机容量 2.5MW 以上的风力发电设备需求增长远高于市场平均增速。我国风电设备的需求在未来几年内会保持较大的增长趋势，并且我国风能的开发潜力巨大，风电行业的发展前景良好。

随着风力发电规模的不断扩大，带来了运行维护任务繁重、故障检修成本较高等诸多问题，特别是受地理位置的制约，风电场的建造环境都比较恶劣，通常建在高原或沿海等偏远的地方，其运行很容易被恶劣的天气所影响，给风电机组的运维和检修增加许多困难。风电机组在长时间的工作下，其传动系统可能会产生各种类型的故障，导致机组无法正常运行，停机甚至发生事故，给风电企业造成巨大的经济损失。

风电机组是复杂的机电液耦合系统，规模的扩大、复杂程度的提高都会对运行产生影响，对机组运行状态的实时监测和预警，采用智能化的故障诊断方法快速准确地识别故障类型、判断故障严重程度、甚至对故障进行预测等都是急需解决的问题，也是目前风电机组故障诊断领域的研究热点和难点。本书结合作者 10 多年的研究，系统地介绍了典型风电机组传动系统的故障诊断方法与分类、微弱故障信号增强方法、故障特征提取方法、小子样早期故障辨识以及传动系统故障诊断系统的设计，全面阐述了风电机组传动系统的故障诊断过程。

本书可供从事风电机组传动系统故障诊断、测试等方面工作的专业技术人员使用，也可作为高等院校机械过程相关专业的研究生的参考教材。

重庆科技学院吕中亮负责全书筹划与统稿，周传德、杨琳、韩森坪、曹毓江、彭麟昊参与撰稿。具体编写分工如下：吕中亮主要编写第 2 章、第 5 章、参与编写第 3 章，周传德、杨琳主要编写第 4 章、参与编写其他章节，韩森坪主要编写第 1 章，曹毓江、彭麟昊主要编写第 3 章、参与编写第 4 章。

本书的出版得到了国家自然科学基金(51705053)、重庆市自然科学基金(基础研究与前沿探索专项)面上项目(cstc2019jcyj-msxmX0720)、重庆市教委科学技术研究项目重点项目(KJZD-K201901503)、重庆英才创新创业示范团队(CQYC201903230, cstc2021ycjh-bgzxm0346)、重庆市高等教育教学改革研究重点项目(202077)、重庆科技学院本科教育教学改革研究重大项目(202001)、重庆科技学院研究生教育教学改革研究重点项目(YJG2019z005)的支持，在此表示衷心感谢！

本书在编写过程中参考了许多学者的资料和文献，并尽可能地在参考文献中列出，在此向这些文献的作者表示感谢！若某些参考资料或文献由于编者的疏忽等原因没有标注出处，在此表示歉意！

　　由于作者水平有限，书中不妥之处在所难免，诚请广大读者批评指正。

# 目录

# 第 1 章

## 绪　论

风电机组因所处环境恶劣，风力变化复杂，确保设备能够安全稳定地运行变得尤为重要。其中风电机组传动轴系是整个风电机组系统中最重要而又是最脆弱的部件。风电机组中传动链轴承包括：主轴轴承、齿轮箱轴承、发电机轴承。当整个传动系统中多处故障同时存在时，由于各故障位置和损伤程度的不同，各故障生成的振动信号有强弱之分，故易造成弱故障被强故障信号和噪声淹没[2]，且各故障之间相互混叠、互相耦合[3]，这为风电机组传动系统多故障的准确诊断带来了很大的困难。因此，风电机组传动系统的运营维护、故障诊断，对预防因风电机组故障而导致经济财产损失、人员伤亡以及灾难性事故的发生具有重要意义。

# 1.1　风电机组传动系统构成

根据国内数据表明，风电机组传动系统中齿轮箱、电动机等关键零部件故障失效率较高，而齿轮箱、电动机失效大都由轴承故障失效所引起，如图 1.1 所示，展示了风电机组的主要零部件传动示意图。风电机组中传动链轴承包括：主轴轴承、齿轮箱轴承、发电机轴承、变桨和偏航轴承等[1]。对于主轴轴承而言，由于叶轮主轴承受的载荷非常大且轴很长、容易变形，所以大多数叶轮主轴是由两个调心滚子轴承支承保证主轴的调心性能；齿轮箱轴承由于齿轮箱中行星架的原因轴承数量较多，种类也多，包含有深沟球轴承、圆柱滚子轴承、双列调心滚子轴承等，主要是根据主轴支承方式的不同引起对齿轮箱的受力不同，轴承的选用也略有不同，例如主轴的支承方式采用的是双轴承支承，那么理论上齿轮箱只受到扭矩的作用，因此行星架支承轴承可选用两个圆柱滚子轴承或两个单列圆锥滚子轴承；发电机轴承常采用圆柱滚子轴承和深沟球轴承，通过这两种轴承的结构设计可以降低轴承振动的噪声；变桨和偏航系统的作用是根据风速大小和方向调整叶节距和追踪风向从而保证风电机组功率输出稳定，根据其工作环境可知偏航和变桨轴承要承受很大的倾覆力矩和不定风力产生的冲击载荷，具有间歇工作、频繁启停、传动扭矩大的特点，所以要求该轴承为零游隙或者小负游隙以减小滚动接触面的磨损。

随着风电技术的快速发展，对此风电机组的检修及保养的要求也越来越严格，由于风电机组类型、大小、服役环境的变化以及安装误差等原因，导致传动系统的失效机制也不尽相同，所以对其的故障分析方法多种多样，另外风电机组

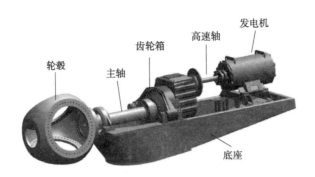

图 1.1 风电机组传动系统示意图

所选用传动系统的零部件也大都属于大型零部件，而大型零部件由于尺寸和工作环境的特殊性，常常以局部变形、局部振动和温升等原因造成零部件的损伤，并不同于普通轴承以长期运行出现磨损故障为主。因此，应该有效地对风电机组传动系统状态进行实时监测以及准确定位其微弱故障部位，并在最佳时间内进行合理地维护。

# 1.2 风电机组传动系统智能运维的意义

现有能源结构下，风电能源是我国电力能源结构中重要组成部分之一。风电机组分为海上和陆上两种，海上风电机组安装位置偏僻，多位于沿岸的岛屿。而陆上风电场多建在高山、戈壁等人迹罕至、交通困难的地区。机组的主机舱安装位置较高，一般在几十米乃至上百米的高空。机组的状态监测极易受到不稳定的风速、雷电、暴雨和降雪等因素干扰，天气因素给风电场运营、机组零部件的维修维护工作带来了一定的阻碍。风电行业想要实现可持续的高速发展，机组运行稳定性和安全性至关重要，高昂的运维成本已经成为风电行业持续发展的绊脚石。

随着新兴技术的应用和材料工艺的改进，风电机组的整体故障率逐年降低，但与技术更加成熟、投运时间更长的火电机组、水电机组相比，故障率仍居高不下。除了交变载荷对机组的冲击易使机组发生故障外，陆上风电机组受冰雹、雨雪天气影响，同时海上风电机组还会受到波浪冲击、盐雾腐蚀的影响，其运行可靠性较差，更易发生故障。表 1.1 为某风场事故统计[4]。

3

**表 1.1　某风场风电机组事故统计**

| 年　份 | 数　量 | 年　份 | 数　量 |
|---|---|---|---|
| 1980 | 8 | 2004 | 52 |
| 1981 ~ 1994 | 17 | 2005 | 56 |
| 1995 ~ 1999 | 71 | 2006 | 57 |
| 2000 | 29 | 2007 | 83 |
| 2001 | 12 | 2008 | 112 |
| 2002 | 63 | 2009 | 106 |
| 2003 | 51 | 2010 | 130 |

　　机组的主轴、叶片、齿轮箱、发电机等运行工况恶劣，故障频发。根据机组高频故障零件及其表现出来的故障特征，合理选择高效的机组状态监测和诊断方式，能够达到机组故障的准确诊断及预测，这是风电机组状态监测诊断技术的发展趋势。某运营商统计的风电机组故障率如图 1.2 所示，从图中可见由传动系统中齿轮箱故障造成的损失占比达 35%，由此可见机组中齿轮箱一旦发生故障，由于维修导致长时间停机会造成巨大的发电量损失[5]。

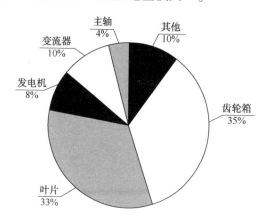

图 1.2　风电机组故障率统计

　　风力发电机组常年处于交变载荷和恶劣的环境中，其运行可靠性大打折扣，尤其对机组的传动系统有着巨大的考验。

　　因此，有必要采用有效方式对风电机组传动系统状态实时监测并进行高效稳定地故障诊断。通过先进高效地在线监测、健康度诊断系统，实时地跟踪记录机组传动系统的运行数据，据此判别其健康程度，在齿轮箱故障的早期或其工作性能出现明显掉落之前，准确地识别传动系统的故障部位、判断故障类型，维保人员及时地采取有效措施进行维修、维护或者更换，能够极大地降低机组的运行风险、提高风电机组发电可靠性，起到延长机组的工作寿命的作用。最后，能够较大限度地避免由于机组传动系统故障引起的经济损失。

# 1.3 风电机组传动系统故障诊断的方法与分类

## 1.3.1 基于定性知识经验的风电机组传动系统诊断

基于定性经验的风电机组故障诊断方法，首先是利用不完善的先验知识来描述系统的功能结构，再通过建立定性模型实现故障诊断，其主要包括专家系统、故障树分析、符号有向图等方法。

基于专家系统风电机组故障诊断方法的基本思想：运用专家在风力发电领域内积累的有效经验和专业知识建立知识库，然后利用计算机来模拟专家的思维过程，最后通过对信息知识的推理和决策来得到诊断结果。风力发电机组属于典型复杂系统，难以建立准确的数学模型，为解决这一问题，文献[6]以 SQL Server 2008 数据库和 ASP. NET 平台开发为基础，结合主观贝叶斯和产生式规则方法实现机制推理过程，建立了风力发电故障在线诊断专家系统，但必须不断完善知识库以提高诊断精准度。文献[7]将模糊故障诊断和模糊数学理论引入到专家系统，能准确、快速地判断故障原因并及时制定检修计划。文献[8]以 FTA 技术为基础，结合 VC++语言和 Access2003 建立了基于故障征兆–故障原因模式的风电机组故障诊断专家系统，改善了界面不友好和单一推理方法等缺点，但知识库不够全面制约着诊断系统的准确性。

基于专家系统的风电机组故障诊断不需要精准的数学模型，判断故障的过程和结果便于理解，但该方法需要大量风电机组故障诊断领域知识积累，并且受限于专家系统方法无自主学习能力以及风电机组故障样本先验知识严重缺乏等问题，造成了较低的故障诊断精确度。因此，目前较多的研究更偏向从知识处理角度进行，建立基于人工智能(神经网络、贝叶斯网络等)的专家系统。

故障树分析方法是以故障树逻辑图为基础的一种分析方法，既可以用作定性分析又可以用于定量分析。该方法的表达方式为图形，首先从故障状态开始，逐级向下对故障的模式和部件进行分析推理以确定具体故障原因、部位和出现故障的概率。其中，风电机组故障诊断大多是将其作为定性诊断方法进行分析。如图1.3 所示是一个简单的风电机组传动系统的故障树诊断图。

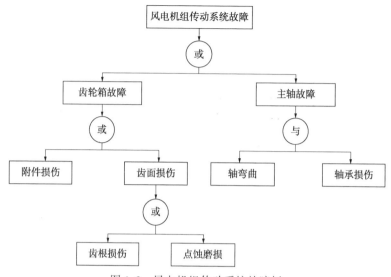

图 1.3　风电机组传动系统故障树

基于故障树的诊断方法更加直观，并且逻辑性强，便于理解，特别适用于简单系统。如果故障诊断对象系统越来越复杂，就会使得故障树的规模也变得相当巨大，并且会给故障诊断的搜索过程带来更多困难。作为典型复杂系统的风电机组，故障的出现具备继发性、并发性、隐蔽性、随机性等性质[9,10]，其故障严重程度和发生概率都比随机系统和简单系统更高，该方法不太适用于复杂系统。

### 1.3.2　基于分析模型的风电机组传动系统诊断

基于解析模型的故障诊断适用于观测对象传感器数量充足且具备精确数学模型的系统，通过与已知模型进行分析对比从而达到故障识别的目的，主要包括参数估计法、状态估计法等。

文献[11]建立了风电机组变桨距系统及其他部件的动态模型，描述出该模型的输入输出关系；然后，将该模型与实际系统并行运行，并将模型输出与实际系统输出比较产生残差，随后采用残差范数的均值作为故障判别函数进行故障检测；最后，通过对变桨距执行机构和桨距角传感器的故障进行仿真，验证了所用方法的正确性和有效性。文献[12]建立了三叶片水平轴风电机组基准模型，采用5种不同的故障监测与隔离方案评估了7种不同的测试系列，取得了较为满意的结果，但是基准模型的简单化不能体现风电机组的复杂功能。

基于模型的故障诊断方法需要对诊断对象系统运行机理充分了解，只有在构建恰当数学模型的基础下才能达到理想的诊断效果。但是由于风电机组传动系统结构复杂，属于典型的非线性动态系统，难以建立准确的机理模型。因此，基于模型的故障诊断方法在风电机组故障诊断中也不多。

### 1.3.3 基于数据驱动的风电机组传动系统诊断

基于解析模型的故障诊断适用于观测对象传感器数量充足且具备精确数学模型的系统，通过与已知模型进行分析对比从而达到故障识别的目的，主要包括参数估计法、状态估计法等。

基于模型的故障诊断方法需诊断对象系统运行机理充分了解，只有在构建恰当数学模型的基础下才能达到理想的诊断效果。但是由于风电机组传动系统结构复杂，属于典型的非线性动态系统，难以建立准确的机理模型，因此，基于模型的故障诊断方法在风电机组故障诊断中使用并不多。

基于数据驱动的故障诊断方法包含2种：(1)处理监测传感器得到的故障信号以提取故障特征；(2)直接利用大量数据进行推理分析并得到诊断结果，主要包括信号处理法、人工智能定量法与统计分析法，是目前风电机组故障诊断所采用的主流方法。

信号处理是一种分析信号信息，并从中提取想要的故障特征的方法。目前，基于信号处理的风电机组故障诊断方法主要包括小波分析、经验模态分解、变分模态分解和谱分析法等。

(1) 小波分析法

小波分析是对于傅里叶变换的进一步突破，能够有效地处理非稳态、非线性的复杂信号，具有多分辨率分析、时频局部化等优良特性。因此，小波分析在风电机组基于数据驱动的故障诊断中得到了广泛地应用，并取得了较好的效果。

文献[13]提出一种改进小波包的分析方法，深入分析了传统小波包频带错乱的问题，借助傅里叶变换与傅里叶逆变换改进了小波包，消除了小波包频带错乱的缺陷。采用改进型小波包提取信号特征量进行故障诊断。最后，采用风力发电机故障试验台的故障轴承的实际数据对所提方法进行验证并取得了较好的效果。文献[14]提出将小波包与倒频谱相结合进行风电机组齿轮箱故障诊断的方法，通过小波包频带能量监测得到故障部位的啮合频率范围；考虑到倒频谱可以分离和提取难以识别的密集调制信号的周期成分，基于倒频谱识别故障部位的转速频率，综合利用两种频谱分析方法得到的啮合频率和转速频率，能诊断故障部位和类型。

现阶段，小波分析在风电机组的故障诊断中使用逐渐减少，因为该方法自适应性不强，小波基函数需要人为的选取，小波谱的时频分辨率互相影响所造成的能量泄漏问题等，造成了使用该方法的局限性。

（2）经验模态分解

经验模态分解（Empirical Mode Decomposition，EMD）是将信号逐级分解成有限个具有不同尺度特征的本征模态函数，并对其进行信息特征提取以达到模式识别的一种方法。

为解决 EMD 模态混叠问题，文献[15]结合 EMD 和包络分析法对风电机组轴承进行故障诊断，在对轴承振动信号进行 EMD 分解后，选取包含主要故障信息的本征模态函数（Intrinsic Mode Functions，IMF）进行包络谱分析获取诊断结果。文献[16]将集合经验模态分解（Ensemble Empirical Mode Decomposition，EEMD）与形态学滤波法应用于风电机组滚动轴承的故障诊断中，在设计组合形态滤波器消除噪声干扰的基础上，利用互相关系数法剔除 EEMD 分解信号中的虚假分量，获得了更加精准的 Hilbert-Huang 谱。

由于经验模态分解算法的优良特性，该方法在风电机组故障诊断分析中应用广泛，但模式混叠、端点效应等缺点还是造成了故障对象的针对性较窄。

（3）变分模态分解

变分模态分解（Variational Mode Decomposition，VMD）是一种自适应、完全非递归的模态变分和信号处理的方法。

文献[17]针对传统时频分析方法分解不准确、效率低下的问题，提出一种改进的自适应变分模态分解（AVMD）方法，该方法预先使用短时傅里叶变换预估模态数量，并对原始信号频谱与分量叠加频谱进行谱相关分析筛选最优惩罚因子，提高变分模态分解的精确性，文献[18]提出一种变分模态分解（VMD）和熵价值的滚动轴承诊断方法。该方法首先采用 VMD 将原始信号分解成若干本征模态函数，用熵价值法筛选出包含故障信息最多的几个模态，之后计算相应模态的能量熵与其能量构成复合特征向量作为振动信号的特征向量。将该方法应用于模拟风机滚动轴承数据和故障试验台，结果表明采用 VMD 与熵价值的特征提取算法可以使特征定位更加准确，有效提高滚动轴承的故障诊断率。文献[19]提出一种基于优化的变分模态分解（VMD）融合信息熵的故障诊断方法，结果证明该方法能有效提取风电机组齿轮箱的早期微弱故障特征。

因为 VMD 对采样和噪声具有优异的鲁棒性，并且能够有效避免模态的现象该方法在风电机组故障诊断中也得到了广泛的应用。但由于 VMD 需要自行预设模态数 $K$ 的值，并且会产生边界效应也造成了对于它使用的局限性。

基于数据驱动的人工智能定量法是当前风电机组故障诊断方法中的重要组成部分，包括神经网络（Artificial Neural Network，ANN）、支持向量机（Support Vector Machines，SVM）、粗糙集（Rough Set，RS）等。

（1）神经网络

基于神经网络的故障诊断方法是对大量已知样本故障数据进行网络层间学习，以建立故障特征（输入）和故障分类（输出）之间的映射关系，并将目标数据样本输送至已训练好的网络进行故障识别的分类方法。

文献[20]采用BP（Back Propagation）神经网络和改进小波变换对风电机组进行故障诊断研究，利用单子带重构改进小波变换得到子带信号，从中选取部分子带信号作为特征域以提取特征量，将其作为BP神经网络的输入以完成故障的诊断和定位，该方法能够有效判断风电机组早期故障。文献[21]将神经网络应用于风电机组故障检测和识别中，结果表明该方法具有高效、强鲁棒性、抗噪声干扰能力强等优点。为抑制局部极小值问题，文献[22]结合小波包变化和径向基神经网络应用于风电机组传动系统故障诊断中，在收敛性、逼近能力、分类能力等方面，该方法有着无可比拟的优势。

基于神经网络的风电机组故障诊断方法需要大量已知样本数据，且样本数据的准确性和完备性直接影响着故障诊断的效果。在我国，风力发电技术虽然得到了快速发展但发展年限较短，故障样本数据严重缺乏，是目前采用该方法进行故障诊断的主要"瓶颈"。

（2）支持向量机

SVM是建立在VC（Vapnik-Chervonenkis）维理论和结构风险最小化基础上的一种有监督学习方法，具有较强的分类能力，在解决小样本、高维非线性决策问题时具有无可比拟的优势。

为解决特征样本参数和核参数选择不当造成的过学习或欠学习问题，文献[23]结合小波包和SVM方法对风电机组变流器进行故障诊断，首先采用小波包分析处理直流侧输出电压信号以提取敏感频谱特征向量，然后将其作为故障特征样本数据训练故障分类模型，并最终得到SVM故障分类器。文献[24]针对风力发电系统级联多电平逆变器，提出了基于快速傅里叶变换（Fast Fourier Transform，FFT）、相对主成分分析（Relative Principle Component Analysis，RPCA）和SVM相结合的故障诊断方法，应用FFT对原始信号进行预处理，实现数据的压缩和特征提取，进而采用RPCA进行数据优化和降维处理以实现SVM的故障分类，该方法解决了SVM不适合大样本数据的问题。文献[25]针对风电机组变桨系统的齿形带断裂故障问题，首先通过分析变桨系统的工作原理，基于多维 SCADA 信号进行特征数据挖掘，再利用主成分分析法对数据进行预处理，并保留时序信息重构数组，最后利用高斯核支持向量机进行机器学习，实现对齿形带断裂故障的智能检测。结果表明该方法可准确诊断齿形带断裂故障，并已通过多台风电机组监测数据进行验证，准确性可达到 98.8%，也证明该方法和支持向量机模型的广泛适用性。文献[26]针对风力机电组轴承故障难以诊断的问题，提出一种基于改进多分类相关向量机(MRVM)的风力机电组主轴轴承概率性智能故障诊断方法。实验结果表明，该方法可提高故障诊断准确率及效率，同时可输出故障诊断结果的概率信息，为实际检修人员提供更多参考信息。

总的来说，SVM 的小样本、高维非线性分类特征加快了其在风电机组故障诊断中的应用，但单一 SVM 的核参数和样本参数的选择问题以及故障样本是否完备和具有代表性等特点，严重影响着故障诊断的准确性。

（3）粗糙集

粗糙集理论最早由波兰数学家 Pawlak 提出，具有强大的处理不完备、不一致、不精确数据信息的能力和较好的鲁棒性。

为确定双馈风电机组转子侧变流器开路故障的位置，文献[27]提出一种基于小波变换和粗糙集的风电变流器单相开路故障诊断方法。首先通过小波变换进行转子侧变流器的三相故障电流特征向量提取；之后粗糙集将获取的特征向量提取值进行离散化和属性约简处理，并将得到的最小约简决策表作为转子侧变流器单相开路故障的参考样本；最后通过待检测样本与参考样本的欧式距离值确定转子侧变流器的故障位置。文献[28]提出一种基于优势粗糙集 DRSA 和 BP 神经网络的风电机组检修决策新方法。基于风电机组多因素序信息系统表，采用优势粗糙集理论方法进行知识约简，获得检修决策规则集，将提取的规则集作为输入样本对BP 神经网络进行训练，提高处理不确定性知识的能力。为提高大型风电机组电动变桨系统变桨角度故障的判别准确性，文献[29]结合模糊粗糙集特征量约简和基于粒子群算法优化的支持向量机进行变桨角度故障诊断分析研究。首先基于模糊粗糙集理论建立变桨系统特征参数约简的数学模型，通过对变桨相关运行数据进行约简，确定对故障诊断贡献率较高的参数；再利用实际运行数据训练经粒子群优化的支持向量机，从而获得高精度诊断模型；然后设计基于双层支持向量机的故障程度判别模型，可对故障进行进一步分类。最后结果表明，该诊断方法能准确快速地判别故障并可进行故障程度分类。

尽管粗糙集理论不需要任何先验信息就能有效处理不确定、不完备数据信息，但知识约简的不唯一性和决策表本身的复杂性等特点限制了故障诊断的精确性。

随着大功率风电机组的快速发展和并网运行，对其运行可靠性与系统稳定性提出了更高的要求，必将促进风电机组状态监测、故障诊断和智能维护技术的进一步发展。并且任何一种单独技术或绝对方法都无法解决风电机组所有故障诊断问题。因此，采取多种技术方法相结合，取长补短实现风电机组的故障诊断将逐步成为未来的研究热点。

# 第 2 章
## 风电机组传动系统微弱故障信号增强

风电传动系统故障诊断目前普遍采用振动信号分析方法，由于风电传动系统早期故障振动信号中会掺杂许多噪声，且传输路径相对复杂，使得信号中含有的故障信息特别微弱不明显，所以早期故障诊断较为困难。因此能否有效地增强风电机组传动系统的微弱故障信号，去除其他干扰成分，进而提取出故障特征，是风电传动系统早期故障诊断的关键。

# 2.1 共振解调故障增强方法

## 2.1.1 共振解调技术的原理及优点

共振解调法，也称包络检波频谱分析法。共振解调技术是通过包络分析将淹没在背景噪声中的微弱信号提取出来，然后输出无干扰的振动信号，最后对该信号进行频谱分析。该方法首先以共振频率为中心频率，对采集到的振动信号进行窄带滤波，再通过包络检波的方法来提取与故障信号频率一样的脉冲。且滤波中心频率及滤波频带选择与诊断结果紧密相连。

因故障冲击中都含有复杂的高频部分，它会引起机械系统或者传感器的共振，而共振会放大故障冲击信号，所以需要对高频部分进行包络并且进行谱分析得到频谱图，将其与故障特征频率进行分析对比从而分析出故障的具体位置。

共振解调方法的特殊之处如下：

（1）放大性：共振能够放大微小的冲击故障信息；

（2）选择性：正常轴承不能引发共振解调，故障轴承才会激发共振解调；

（3）比例性：共振解调波的幅值大小与故障的冲击大小成比例；

（4）低频性：共振解调波的倍频及其各阶谐波都是低频的；

（5）对应性：任意一个故障产生的冲击都可以引起共振解调波；

（6）展宽性：原始的窄带的冲击脉冲经过共振作用后宽度增加了。

## 2.1.2 共振解调的过程

首先对采集到的信号进行傅里叶变换，然后利用传感器自身的谐振频率进行分析，对滤波后的信号进行包络，包络以后去除高频部分，得到包络信号，再对改进的包络信号进一步进行低通滤波，最后对信号进行傅里叶变换求其频谱图。共振解调的原理及过程如图2.1所示。

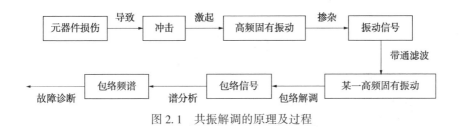

图 2.1　共振解调的原理及过程

### 2.1.3　希尔伯特(Hilbert)变换和包络分析

在信号处理中，一般需要通过求解信号的包络谱来获取信号中隐含的信息，对于系统来说，各种信号之间存在一个非常复杂的关系(调制，也称卷积)，如果仅仅通过傅里叶变换，会丢失一些重要的信息。包络分析法是利用包络检波和对包络谱的分析，根据包络谱峰来识别故障的方法，亦称包络解调。包络解调把与故障有关的信号从高频调制信号中解调出来，从而避免与其他低频干扰的混淆，故有很高的诊断可靠性和灵敏度[30]。

包络解调原理：故障所引起的低频(通常是数百 Hz 以内)冲击脉冲激起了高频(数十倍于冲击频率)共振波形，对它进行包络、检波、低通滤波(即解调)，会获得一个对应于低频冲击的而又放大并展宽的共振解调波形。

(1) 希尔伯特(Hilbert)变换

Hilbert 变换信号就是在频域各频率分量的幅度保持不变，但相位将出现 90°相移。即对正频率滞后 π/2，对负频率导前 π/2，因此希尔伯特变换器又称为 90°移相器。

用希尔伯特变换描述幅度调制或相位调制的包络、瞬时频率和瞬时相位会使分析简便，在通信系统中有着重要的理论意义和实用价值。在通信理论中，希尔伯特变换是分析信号的工具，在数字信号处理中，不仅可用于信号变换，还可用于滤波，可以做成不同类型的希尔伯特滤波器。Hilbert 变换原理如图 2.2 所示。

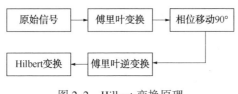

图 2.2　Hilbert 变换原理

原始信号：$x(t) = A(t) \times \cos[\omega_0 t + \theta(t)]$

Hilbert 信号：$x_1(t) = A(t) \times \sin[\omega_0 t + \theta(t)]$

解析信号：$x_2(t) = x(t) + jx_1(t)$

将原始信号和 Hilbert 信号写成一个复数形式，得到解析信号。求出解析信号的模的过程，即包络分析，然后得到包络信号。

（2）包络分析

原来等幅振荡的脉冲信号，经过调制之后，每次振荡的幅度会有变化，把每次振荡信号的最高点和最低点分别用虚线连接起来，虚线的形状就是脉冲信号的包络。

包络信号也是一个新的脉冲信号（周期更大），这个脉冲信号在时间上观察也会有一定的宽度（每个周期内会有一段时间为0），这时时间上宽度就是脉冲包络宽度。脉冲的带宽和脉冲宽度成反比，即脉冲时间上的宽度越窄，频谱上的带宽越大。

包络分析流程如图2.3所示，原始信号中故障信号会被各种噪声等淹没，首先需要通过回放的方式确定故障信号的频率大概在什么范围，再通过带通滤波器保留故障信号所在的这段频率，然后对该段信号进行包络分析，就可以得到故障信号的包络信号，最后对包络信号进行傅里叶变换，可以得到故障信号的频率。

图2.3 包络分析流程

加速度包络是一种信号处理技术，这种技术能够检测到很弱的冲击故障信号，比如轴承的早期损伤。它可以将非常弱的冲击信号经过一系列的放大、滤波等处理转变成高频的振动信号，以此实现故障信号增强。

## 2.2 自适应最大相关峭度反卷积增强方法

### 2.2.1 最小熵解卷积原理

最小熵解卷积（Minimum Entropy Deconvolution，MED）的基本原理是通过迭代方式，寻找一个最优逆滤波器，使输出信号的峭度值达到最大。根据峭度最大原理可知，峭度值越大表明信号中冲击特征越明显，该特性可以更好地突出信号中的冲击脉冲成分[31]。MED 能够有效的消除信号中背景噪声的干扰，使包含故障信息的冲击脉冲信号得到增强，具有很好地滤波效果。

但 MED 在对信号进行解卷积的过程中，只能突出少数几个较大的故障脉冲成分，并不能反映故障的真实情况。此外，该方法寻找的滤波器并不一定是全局最优滤波器。因此，就有人在 MED 的基础上提出了最大相关峭度解卷积（Maximum Correlation Kurtosis Deconvolution，MCKD）方法，实现了对周期性脉冲的解卷积。

MCKD 方法中，周期 $T$、滤波器阶数 $L$，以及移位数 $M$ 的选择对计算结果有着关键作用，它决定着最终故障冲击信号的增强效果。移位数 $M$ 一般取 $1 \to 7$，当 $M>7$ 时，由于此迭代方法因超出浮点指数的范围会降低精度，但增加移位数 $M$ 能增加 MCKD 算法中反卷积的序列脉冲数，进而高阶移位相关峭度反卷积方法能够提高故障检测能力，因此取 $M=7$。要 MCKD 方法获得较好的效果，最终需要确定最优滤波器的阶数 $L$ 以及周期 $T$。

### 2.2.2　变步长网格搜索法

支持向量机模型参数的选取会给风电机组传动系统故障辨识的准确率带来较大的影响，虽然混沌优化算法、遗传算法、网格搜索算法都是常见的参数寻优算法，但是三者之间还是存在一定的区别。混沌优化算法、遗传算法更适合在故障数据样本较多的情况下采用，而实际风电机组传动系统故障通常是小样本故障识别，故采用网格搜索法寻优。

网格搜索算法是一种通过遍历给定的参数组合来优化模型表现的方法，主要是通过交叉验证估计函数的参数来获得最优结果的学习算法[32-34]，从而达到进一步改进模型性能的目的。主要分为三步：首先，将参数取值范围按照固定步长分为几段进行排列组合，这些组合能够生成一个"网格"；其次，将得到的排列组合用于支持向量机训练，并使用交叉验证对参数合并后的模型性能进行评估；最后，拟合函数尝试了所有的参数组合之后，将会返回一个合适的分类器，最终选取一个或者数个函数值所对应的参数取值作为最优解。网格搜索法示意图如图 2.4所示。

虽然网格搜索是一种强大的发现最优参数集合的方法，但是穷举所有可能的参数组合是特别消耗计算资源的。并且当参数取值较大或要求计算结果的精度较高时，也会需要更长时间来完成计算，导致计算效率较低。因此，在实际计算过程中可以通过选用不同的步长来逐渐缩小网格的划分，并逐步缩小参数取值范围。

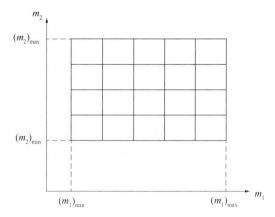

图 2.4　网格搜索法示意图

变步长网格搜索法其过程可细化为以下 6 步：

（1）选取参数的初始搜索范围，计算用时以及精算结果的精度与搜索范围的大小成反比关系；

（2）选取网格划分的步长，并以此为依据将（1）中选定的搜索范围划分为多个均等的网格；

（3）将所有网格的交点所代表的参数值逐个代入函数方程中进行计算；

（4）将所得函数值分别与函数真值进行对比并计算其残差平方和；

（5）选取残差平方和值最小的一个或者数个函数值所对应的值作为最优解；

（6）对计算所得最优解精度进行检验，若其精度能够满足要求则结束本次计算，否则重复以上 5 个步骤。

通过多次变步长计算，一方面可以明显减少计算过程中消耗的时间，同时还能够提高计算结果的精度。

## 2.2.3　目标函数确定及参数优化

小波 Shannon 熵常用作判断信号不确定性：概率越不能确定，熵值就越大。小波 Shannon 熵值的大小直接反映了概率分布的均匀性。规则的信号具有较大的小波 Shannon 熵值，相反杂乱的信号则具有较小的小波 Shannon 熵值[35]。为了能够突出特征成分抑制无关成分，以便很好的确定最优滤波器阶数 $L$ 以及周期 $T$，以最大相关峭度反卷积后信号的小波 Shannon 熵作为目标函数，采用变步长网格搜索法搜寻最优滤波器阶数 $L$ 以及周期 $T$。

小波 Shannon 熵定义：

$$H(p) = -\sum_{i=1}^{n} p_i \lg p_i \qquad (2.1)$$

式中，$\sum\limits_{i=1}^{n} p_i = 1$

求解结果为滤波器的阶数 $L$、周期 $T$，计算过程中可在二维空间中进行。其实现过程与一维空间基本相同，不同之处在于一维空间中的步长被二维空间的步距替代了，同时得到由两个数值组成的参数组；理论上讲，所选取步距足够小时能够得到满足精度要求的最优参数组。

变步长网格搜索法优化最大相关峭度反卷积参数的实施步骤如下：

（1）对网格搜索中的搜索范围及步长进行初始化，设置最优滤波器的阶数 $L$ 的搜索范围设定为 $[1, L_0]$（$L_0$ 为初始滤波器的阶数，一般应小于 500），周期 $T$ 搜索范围设定为 $[1, f_s/2]$（$f_s$ 为采样频率），在 $L$ 和 $T$ 的坐标系上初步构造一个二维网格；

（2）为便于网格的收缩和增长，以 2 的幂次方沿着滤波器的阶数、周期的不同增长方向生成网格，设定初始搜索步长为 $\Delta$（$\Delta$ 初始值设定取值为 4）；

（3）将不同网格的目标函数值（信号的小波 Shannon 熵值）评价当前网格质量，并将存放于记忆器中；

（4）更新网格搜索步距为 $\Delta_1$（$\Delta_1$ 设定为 1）在最优网格内进行搜索，若当前最优参数满足终止条件，则更新滤波器的阶数 $L$ 以及周期 $T$，并存放与记忆器中，搜索结束输出最优解。

### 2.2.4　自适应最大相关峭度反卷积性能分析

图 2.5 为不同信噪比下信号的自适应 MCKD 增强，通过在仿真脉冲信号中加入不同程度高斯白噪声，采用自适应最大相关峭度反卷积方法对加噪后的脉冲冲击成分进行增强，来验证自适应 MCKD 的提取脉冲冲击的能力。从图 2.5 中能够很清晰的看到，当信噪比为 10dB、5dB、0dB 的时候，该方法能够很好地突出信号中的冲击成分；在信噪比为 -5dB、-10dB 的时候，虽然不如信噪比较大的时候清晰，但是也能看到信号中的冲击成分被加强。

图 2.6 不同程度随机噪声的仿真信号的自适应 MCKD 增强，给原始脉冲信号加入噪声程度分别为 2 倍、4 倍、6 倍、8 倍、10 倍随机噪声，同样采用自适应 MCKD 方法对脉冲冲击成分进行增强。观察图 2.6 可得，加入了随机噪声程度为 2 倍、8 倍的信号后，虽然信号中的冲击成分幅值相反，但是信号中的冲击成分很明显；在加入了随机噪声程度为 4 倍、6 倍和 10 倍的信号后，仍然可以通过该方法看出信号中的冲击成分。

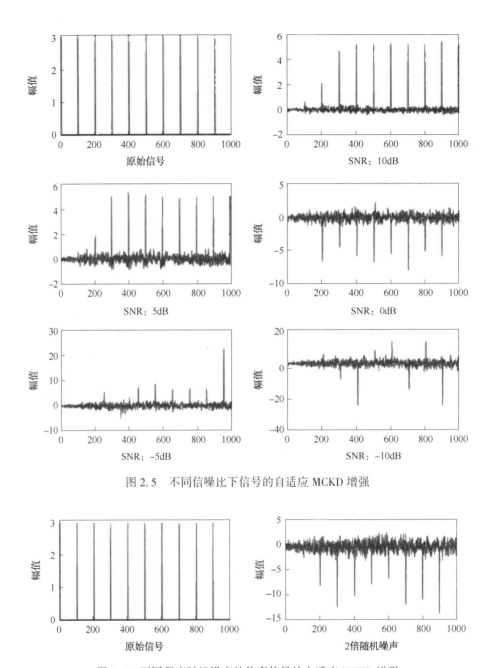

图 2.5　不同信噪比下信号的自适应 MCKD 增强

图 2.6　不同程度随机噪声的仿真信号的自适应 MCKD 增强

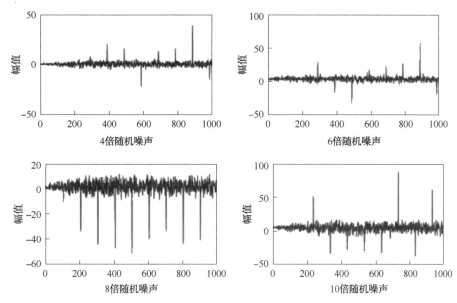

图 2.6 不同程度随机噪声的仿真信号的自适应 MCKD 增强(续)

# 2.3 多点最优最小熵反卷积增强方法

## 2.3.1 多点最优最小熵反卷积原理

多点最优最小熵反卷积(Multipoint Optimal Minimum Entropy Deconvolution Adjusted，MOMEDA)的提出是为弥补 MED 和 MCKD 两种方法的局限性。MOMEDA 的本质是通过非迭代的形式寻求全局最佳滤波器，然后进行解卷积运算提取故障脉冲序列，并最大限度地消除背景噪声和其他干扰成分的影响[36]。

设轴承故障信号为：

$$x = h_d * d + h_u * u + h_e * e \tag{2.2}$$

式中：$x$ 为采集的振动信号；$d$ 为故障产生的脉冲序列；$u$ 为系统其他波动干扰；$e$ 为背景噪声成分；$h_d$、$h_u$、$h_e$ 分别为不同输入对应的传递函数。

解卷积过程为：

$$y = f * x = \sum_{k=1}^{N-L} f_x x_{k-L}, \ k = 1, \ 2, \ \cdots, \ N-L \tag{2.3}$$

式中，$N$ 表示信号的长度；$L$ 为滤波器的长度。

为了提取轴承振动信号中的连续周期性脉冲序列，该方法在解卷积过程中以多点 D-范数做为目标函数，求解其最大值使解卷积效果达到最好[37]。即：

$$\text{Multi D-Norm：} MDN(y,\ t) = \frac{1}{\|t\|} \tag{2.4}$$

$$\text{MOMEDA：} \max_f MDN(y,\ t) = \max_f \frac{t^{\mathrm{T}} y}{\|y\|} \tag{2.5}$$

式中：$t$ 为目标向量。

为了选取合适的 $t$ 并度量提取脉冲序列的效果，引入了多点峭度（Mkurt）的概念[38]。

$$Mkurt = \frac{\left(\displaystyle\sum_{n=1}^{N-L} t_n^2\right)^2 \displaystyle\sum_{n=1}^{N-L}(t_n y_n)^4}{\displaystyle\sum_{n=1}^{N-L} t_n^8 \left(\displaystyle\sum_{n=1}^{N-L} y_n^2\right)^2} \tag{2.6}$$

在应用时，需要设定故障周期的预测范围和步长，再通过不断迭代得到目标向量 t，当 t 中的脉冲间隔与故障周期 T 相等时，多点峭度谱中会出现峰值，该峰值处所对应的周期即为输出信号的故障周期。

### 2.3.2  MED 和 MOMEDA 方法的实验

采用美国凯斯西储大学故障诊断试验台在不同运行状态下的 6205 滚动轴承数据进行分析。分别对滚动轴承的四种运行状态（正常轴承和内圈故障、外圈故障、滚动体故障）进行 MED 故障增强、MOMEDA 故障增强以及 MOMEDA 多点峭度谱图分析。信号采样频率为 12kHz，电机转速为 1772r/min，每个样本共有 8192 个采样点。对应的数据分别为 106.mat、119.mat、131.mat、98.mat。

如图 2.7~图 2.10 分别为正常轴承的原始信号、MED 故障增强图、MOMEDA 故障增强图和 MOMEDA 多点峭度谱图。

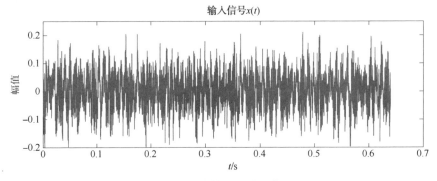

图 2.7  正常轴承的输入信号

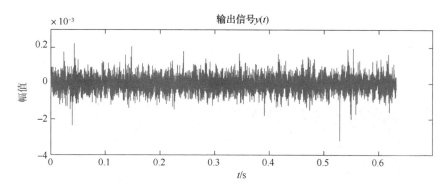

图 2.8　MED 增强后的正常轴承输出信号

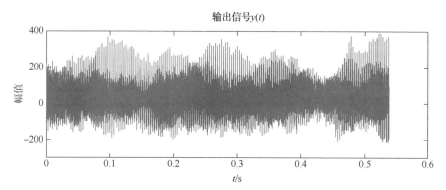

图 2.9　MOMEDA 增强后的正常轴承输出信号

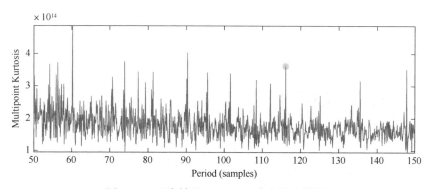

图 2.10　正常轴承 MOMEDA 多点峭度谱图

如图 2.11～图 2.14 分别为滚动轴承内圈的原始信号、MED 故障增强图、MOMEDA故障增强图和 MOMEDA 多点峭度谱图。

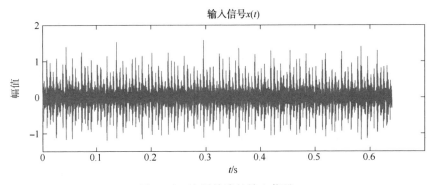

图 2.11　内圈故障的输入信号

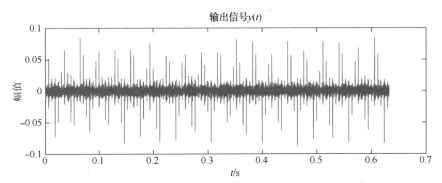

图 2.12　MED 增强后的内圈输出信号

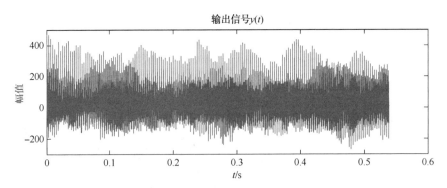

图 2.13　MOMEDA 增强后的内圈输出信号

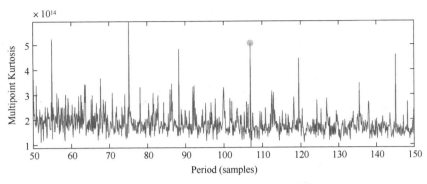

图 2.14 内圈 MOMEDA 多点峭度谱图

如图 2.15～图 2.18 分别为滚动轴承外圈的原始信号、MED 故障增强图、MOMEDA 故障增强图和 MOMEDA 多点峭度谱图。

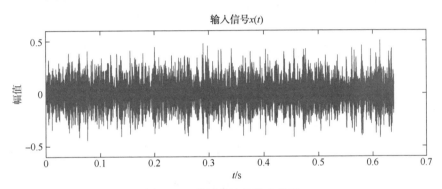

图 2.15 外圈故障的输入信号

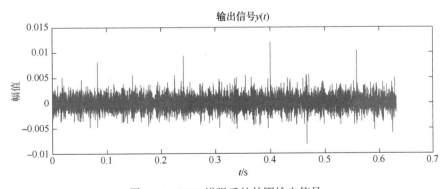

图 2.16 MED 增强后的外圈输出信号

输出信号y(t)

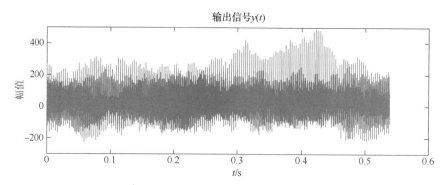

图 2.17　MOMEDA 增强后的外圈输出信号

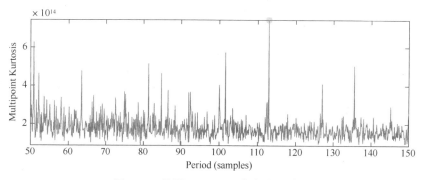

图 2.18　外圈 MOMEDA 多点峭度谱图

如图 2.19~图 2.22 分别为滚动轴承滚动体的原始信号、MED 故障增强图、MOMEDA 故障增强图和 MOMEDA 多点峭度谱图。

输入信号x(t)

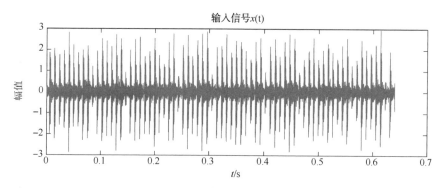

图 2.19　滚动体故障的输入信号

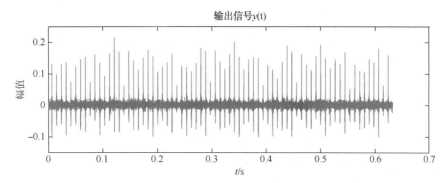

图 2.20　MED 增强后的滚动体输出信号

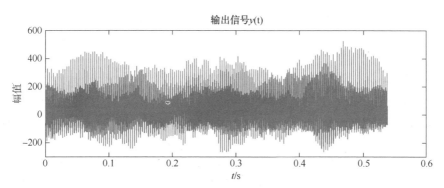

图 2.21　MOMEDA 增强后的滚动体输出信号

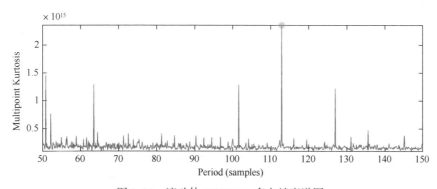

图 2.22　滚动体 MOMEDA 多点峭度谱图

如图 2.7、图 2.11、图 2.15 和图 2.19 为滚动轴承四种状态下的原始信号，从中可以看出，各种状态下输入信号都含有噪声信号。

如图 2.8、图 2.12、图 2.16 和图 2.20 为滚动轴承四种状态下的 EMD 故障增强，从图中可以看出，该方法虽然能提取出冲击成分，突出个别强冲击信号，同时提高了弱冲击信号的信噪比。但提取的有效冲击信号的效果并不如 MOMEDA。

经过 MOMEDA 故障增强处理后，从图 2.9、图 2.13、图 2.17 和图 2.21 中可以看出，信号中的噪声被大量削弱，而包含故障信息的冲击脉冲信号明显得到增强。对降噪后的信号求多点峭度，可以有效地区分故障周期和周围非故障周期的成分。通过对原信号进行不同周期下的 MOMEDA 处理，计算多点峭度值，得到多点峭度谱图如图 2.10、图 2.14、图 2.18 和图 2.22 所示，多点峭度谱中的峰值，即为原始信号的故障周期。

# 第 3 章

## 风电机组传动系统故障特征提取

# 3.1 时域和频域的特征提取方法

## 3.1.1 时域的特征指标集

时域信息是以时间为变量，描绘出信号的波形。时域的特征指标主要是分为两大类，有量纲的和无量纲的指标。根据工作状况的差异，有量纲特征值的大小相应发生改变，而且工作环境对有量纲特征值有很大影响，具有表现不够稳定的缺陷，给工程应用带来一定困难，而无量纲指标对负载及转动速度的改变不敏感，能够更直观地表现出旋转设备运行中的状态信息。因此有量纲特征指标时常与无量纲指标一起使用。有量纲特征值容易理解、计算简单，故常被广泛使用。其中信号的平均值并不能反映样本数据的动态变化，通常用于检测，但其它参数的计算通常会用到平均值。工程应用中随着设备健康状态改变直至完全失效，均方根值、绝对均值、方根幅值都会有相应的增加。常用的有量纲时域特征指标，其表达式如下表 3.1 所示。

**表 3.1　有量纲的时域特征指标**

| 特征 | 特征表达式 | 特征 | 特征表达式 |
|---|---|---|---|
| 均值 | $\bar{X} = \dfrac{1}{N}\sum\limits_{i=1}^{N} x_i$ | 方差 | $\sigma_x^2 = \dfrac{1}{N-1}\sum\limits_{i=1}^{N}(x_i - \bar{X})^2$ |
| 最大值 | $X_{\max} = \max\{|x_i|\}\quad(i=1, 2, \cdots, N)$ | 方根幅值 | $X_r = \left[\dfrac{1}{N}\sum\limits_{i=1}^{N}\sqrt{|x_i|}\right]^2$ |
| 最小值 | $X_{\min} = \min\{x_i\}\quad(i=1, 2, \cdots, N)$ | 绝对平均幅值 | $|\bar{X}| = \dfrac{1}{N}\sum\limits_{i=1}^{N}|x_i|$ |
| 歪度 | $\alpha = \dfrac{1}{N}\sum\limits_{i=1}^{N} x_i^3$ | 均方根值 | $X_{rms} = \sqrt{\dfrac{1}{N}\sum\limits_{i=1}^{N} x_i^2}$ |
| 峭度 | $\beta = \dfrac{1}{N}\sum\limits_{i=1}^{N} x_i^4$ | 峰峰值 | $X_{p-p} = \max(x_i) - \min(x_i)$ |

无量纲特征值中峰值指标反映了波形中峰值的尖峰程度。脉冲指标是信号峰值除以信号绝对值平均值；与峰值指标类似，脉冲指标也可以表征振动信号中是否含有瞬时尖峰。峭度指标能够很好地描述变量的分布。裕度指标通常可以表征部件的疲劳磨损程度。实际工程应用中当样本数据大量增加，无量纲特征保持不变，但有量纲特征会变大；在设备前期健康状态改变中，出现较多小幅度的尖

峰，这时均方根值变化不大，但由于裕度指标、峭度指标和脉冲指标对脉冲对健康状态改变的灵敏度高，以上三个指标会先上升再下降。均方根值对前期健康状态改变灵敏度低，但稳定性好；裕度指标、峭度指标和脉冲指标的稳定性较均方根值差，但更能表征设备前期健康状态改变的信息。常用的无量纲时域特征参数如表 3.2 所示。

表 3.2　无量纲的时域特征指标

| 特征 | 特征表达式 | 特征 | 特征表达式 |
|---|---|---|---|
| 波形指标 | $S_f = \dfrac{X_{rms}}{|\overline{X}|}$ | 峰值指标 | $C_f = \dfrac{X_{max}}{X_{rms}}$ |
| 脉冲指标 | $I_f = \dfrac{X_{max}}{|\overline{X}|}$ | 裕度指标 | $CL_f = \dfrac{X_{max}}{X_r}$ |
| 峭度指标 | $K_v = \dfrac{\beta}{X_{rms}^4}$ | 偏斜度指标 | $P = \dfrac{\alpha}{X_{rms}^3}$ |

无量纲特征对故障的敏感性及稳定性的比较如表 3.3 所示。

表 3.3　无量纲特征对故障的敏感性及稳定性的比较

| 参数 | 敏感性 | 稳定性 |
|---|---|---|
| 波形指标 | 差 | 好 |
| 脉冲指标 | 较好 | 一般 |
| 峰值指标 | 一般 | 一般 |
| 裕度指标 | 好 | 一般 |
| 均方根值 | 较差 | 较好 |
| 峭度指标 | 好 | 差 |

有量纲指标会随着故障的发展而上升，但是也会因工作条件的改变而改变（峭度指标对于外部冲击信号特别敏感，而均方根值可判断故障是否存在）。无量纲指标和设备的运行工况无关，只取决于概率密度函数。在正常情况下峰值、脉冲、峭度指标的健康阈值皆是以 3 为标准，而裕度指标健康阈值则是 3.5。在反映形式上，有量纲指标之间较为统一，而无量纲指标之间也相对统一，但是在反映轴承退化的趋势上，两种指标都能够较好地反映轴承衰退的上升趋势，因此，将这些指标用来作为时域的特征指标。

## 3.1.2　频域的特征指标集

频域分析是以频率为变量，来描绘出信号的波形，一般情况下，时域的分析更加直观，而频域的表示更加简洁，在频域上观察信号更加深刻和便捷。目前来说，从时域到频域已成为信号分析的趋势。但是，这两种分析手段是相互联系、相辅相成的，通常都是一起使用。常规的频谱分析是指对信号进行傅立叶变换来进行分析。频谱分析包括幅度频谱和相位频谱且幅度频谱是最常用的。当风电机组传动系统关键部件的健康状态发生改变时，样本数据信号频谱中的频率分量也会相应地改变。故可以先通过分析振动信号的频域特征准确地表征信号频谱信息，然后获取在不同工况下风电机组传动系统关键部件运行时的健康状态。常用的频域特征参数，其表达式如表 3.4 所示。

**表 3.4　频域特征参数**

| 序号 | 特征表达式 | 序号 | 特征表达式 |
|---|---|---|---|
| 1 | $p_1 = \dfrac{\sum\limits_{k=1}^{K} s(k)}{K}$ | 8 | $p_8 = \sqrt{\dfrac{\sum\limits_{k=1}^{K} f_k^4 s(k)}{\sum\limits_{k=1}^{K} f_k^2 s(k)}}$ |
| 2 | $p_2 = \dfrac{\sum\limits_{k=1}^{K} (s(k) - p_1)^2}{K - 1}$ | 9 | $p_9 = \dfrac{\sum\limits_{k=1}^{K} f_k^2 s(k)}{\sqrt{\sum\limits_{k=1}^{K} s(k) \sum\limits_{k=1}^{K} f_k^4 s(k)}}$ |
| 3 | $p_3 = \dfrac{\sum\limits_{k=1}^{K} (s(k) - p_1)^3}{K(\sqrt{p_2})^3}$ | 10 | $p_{10} = \dfrac{p_6}{p_5}$ |
| 4 | $p_4 = \dfrac{\sum\limits_{k=1}^{K} (s(k) - p_1)^4}{K p_2^2}$ | 11 | $p_{11} = \dfrac{\sum\limits_{k=1}^{K} (f_k - p_5)^3 s(k)}{K p_6^3}$ |
| 5 | $p_5 = \dfrac{\sum\limits_{k=1}^{K} f_k s(k)}{\sum\limits_{k=1}^{K} s(k)}$ | 12 | $p_{12} = \dfrac{\sum\limits_{k=1}^{K} (f_k - p_5)^4 s(k)}{K p_6^4}$ |
| 6 | $p_6 = \sqrt{\dfrac{\sum\limits_{k=1}^{K} (f_k - p_5)^2 s(k)}{K}}$ | 13 | $p_{13} = \dfrac{\sum\limits_{k=1}^{K} (f_k - p_5)^{\frac{1}{2}} s(k)}{K p_6}$ |
| 7 | $p_7 = \sqrt{\dfrac{\sum\limits_{k=1}^{K} f_k^2 s(k)}{\sum\limits_{k=1}^{K} s(k)}}$ | | |

式中，$s(k)$是信号$x(n)$的频谱，$k=1$，2，3…，$K$，$K$为谱线数，$f_k$是第$k$条谱线的频率值。

频域特征参数$p_1$反映了频域振动能量的大小，$p_2-p_4$，$p_6$，$p_{10}-p_{13}$反映了频谱的分散或是集中程度；$p_5$，$p_7-p_9$反映主频带位置的变化。

# 3.2 时频域特征提取方法

时频域特征提取方法可以在时频域中提取出待测样本数据的多个统计特征值，如小波奇异熵等。风电机组传动系统关键部件的工作环境通常是复杂且多变的，因此加速度传感器测得的振动信号通常具有非平稳、随时间变化的特点。时域或频域中的传统统计特性通常描述了整个风电机组传动系统关键部件的运行状态，无法观察非平稳振动信号的频率随时间变化的信息，不能局部分析振动信号，即时间频率分辨率不高。而借助时频域分析这一参数提取方法可以确定其健康状况信息。风电机组传动系统关键部件特征提取的时频分析的关键是在小范围内观察振动信号的频率信息，以恢复小范围内振动信号的频率组成信息，或查看全部信号在每个频带中整个信号的分布和安排。

在获取到时域、频域的特征指标集之后，这些特征指标集主要是反映线性的特征，对于非线性的特征，应用较为广泛的方法是小波和 EMD 方法。尤其是 EMD 方法不但能够有效地提取微弱的特征，而且不用像小波一样选取基函数，因此，自适应性较强，非常适合处理非线性信号。

## 3.2.1 小波包分解

小波变换使得原始振动信号被分成多个子频带，当对信号进行局部分析时，实质上是分别分析多个子频带上的时域分量。小波变换定义如下：

若$\psi(t) \in L^2(R)$满足条件：$C_\psi = \int \frac{|\psi(\Omega)|^2}{|\Omega|} d\Omega < \infty$，则把$\psi(t)$称为基本小波。

若将函数$\psi(t)$通过伸缩变换得到$\psi_{a,b}(t)$，即：

$$\psi_{a,b}(t) = \frac{1}{\sqrt{a}} \psi\left(\frac{t-b}{a}\right) \tag{3.1}$$

式中，$a$，$b \in R$，$t>0$。则$\psi_{a,b}(t)$就称为小波基函数。

对于一个信号$x(t)$，即$x(t) \in L^2(R)$，则$x(t)$的小波变换为：

$$WT_x(a, b) = \frac{1}{\sqrt{a}} \int x(t) \psi^* \left( \frac{t-b}{a} \right) = \int x(t) \psi^*_{a, b}(t) \mathrm{d}t = (x(t), \psi_{a, b}(t))$$

$$(3.2)$$

式中，$a$，$b \in R$，$t > 0$。

小波分析相比于傅里叶变换的优势在于，能让时域和频域均具有良好的局部化性质。然而小波包分析比小波分析更优，它将频带进行多层次的划分，对多分辨分析没有细分的高频部分进一步分解，可以根据被分析信号的特点自适应地选择相应的频段来匹配信号频谱，从而提高时频分辨率。

分解小波包的层数取决于具体的信号和对函数参数的要求，整个方法将采用三层分解，分别在第三层提取从低频到高频 8 个频率成分的信号特征，小波包分解树的结构如图 3.1 所示。

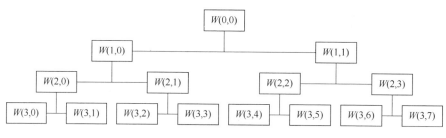

图 3.1　小波包分解树结构

小波包分解实质上是对被获得的信号进行多频段过滤，一般来说，正常运行的机器的输出信号的频率分量与机器在故障状态下的频率分量成分不同，在这种情况下，通过分析机器结构和失效的故障机理便可找出机器的特征频率，并通过这些频率分量的变化来判断是否有故障发生，直至确定故障原因。

以旋转机械为例，FFT 技术由于其原理和结构相对简单，可以对这类机械的各种故障进行比较准确的估计，其调查方法也得到了进一步发展。对于更复杂的机器，如往复式机器，很难区分正常频谱和故障频谱，因为在频谱中找不到相应的故障特征频率，在通带中存在大量的能量分布。由于往复机械脉冲信号非常丰富，脉冲信号包含了大部分的频率成分，而频谱是脉冲信号所有频率成分的叠加，所以很难从频谱上进行故障识别发现误差。在这些机器运行过程中，其正常的脉冲信号和故障脉冲信号具有较为明显的时域特征，主要体现在脉冲信号的相位变化和时间间隔变化。这些在时域中被破坏的波形故障现象常常被机械系统的调制效应以及噪声掩盖起来。

诊断方法"小波包分解+时域分析—故障识别"首先对输出信号进行小波包的

分解，通过对每个频段上某个尺度进行分解系数的重构，在每个分解节点上形成新的时间序列，在时域中分别分析这些时间序列，以获得时域中的信号信息，确定是否有故障发生，并确定与每个频段中各种时域参数的不同对故障发生的原因进行识别。

### 3.2.2 经验模态分解

利用 EMD 分解后的 IMF 分量的能量值作为时频域特征指标集，具体的提取方法是将信号进行 EMD 分解，分解后求各个 IMF 分量的能量值。

设 EMD 分解获得多个模态分量 $f_i(t)$ 和余项 $r_n(t)$，将余项 $r_n(t)$ 看作第 $n+1$ 个分量 $f_{n+1}(t)$，则第 $i(i=1, 2, \cdots, n+1)$ 个分量 $f_i(t)$ 的能量如公式（3.3）所示：

$$E[f_i(t)] = [1/(N-1)] \sum_{i=1}^{N} [f_i(t)]^2 \tag{3.3}$$

式中，$N$ 为 IMF 分量 $f_i(t)$ 的数据长度。

根据 EMD 完备正交性，可以得出：

$$E[x(t)] = E[f_1(t)] + E[f_2(t)] + \cdots + E[f_{n+1}(t)] \tag{3.4}$$

经验模态分解（EMD）方法是由美国 NASA 的黄锷博士等人于 1998 年提出的一种具有高信噪比适合用来处理非平稳及非线性数据信号分析方法。它依据数据自身的时间尺度特征来进行信号分解，提取出若干本征模式函数分量（IMF），每个 IMF 分量包含信号的局部特征，但可能存在虚假分量必须根据 IMF 与原信号之间的相关系数剔除。再对每个 IMF 分量进行希尔伯特变换（Hilbert），从而得到原始信号完整的时频分布。无须预先设定任何基函数。与短时傅里叶变换、小波分解等方法相比，这种方法是直观的、直接的、后验的和自适应的。

但 EMD 在应用中也存在模式混叠的缺陷的，即单一的 IMF 中包含了频率截然不同的信号成分或同一频率成分被分解到不同的 IMF 中，不能表征信号的特征，影响结果的准确性和有效性。为了克服上述问题，Huan[35] 等人在进行 EMD 分解白噪声信号基础上对其改进，然后提出了集合经验模态分解（EEMD），将信号从高频至低频分解至有限个反映不同振动模态的本征模态函数（IMF）。利用高斯白噪声时频空间具有频率均匀分布的统计特性和零均值白噪声的特性，经过多次平均后，噪声将相互抵消，把各组分解中对应 IMF 进行整体平均，获得准确的IMF，平滑了脉冲干扰等异常事件，有效解决了模式混叠问题。

（1）经验模态分解与模式混叠问题

EMD 分解的 IMF 分量必须满足在整个数据序列中，极值点和过零点的数目相等或至多相差一个和在任意数据点局部最大值包络与局部最小值包络的均值为零的条件。EMD 的基本算法如下：

步骤 1：确定信号 $x(t)$ 的局部极值点后，用三次样条曲线将所有的局部极大值点连接起来形成上包络线，再用三次样条曲线将所有的局部极小值点连接起来形成下包络线，上下包络线应该包络所有的数据点。上下包络线的平均值记为 $m(t)$，将 $x(t)$ 减去 $m(t)$ 得到 $h(t)$，将 $h_1(t)$ 视为新的信号 $x(t)$

$$h(t) = x(t) - m(t) \tag{3.5}$$

重复第一步经过 $K$ 次筛选出，知道 $h_{1k}(t)$ 是基本 *IMF* 分量；

步骤 2：定义 $c_1(t)$，$c_1(t) = h_{1k}(t)$，这就是从原始数据中处理得到的第一个基本模式分量，它应包含原始信号中最短的周期分量，从原始信号中分离出分量 $c_1(t)$，可得到剩余分量：

$$r_1(t) = x(t) - c_1(t) \tag{3.6}$$

步骤 3：由于剩余分量 $r_1(t)$，仍然包含长周期的分量信息，所以 $r_1(t)$ 仍被当作新的信号数据重复以上步骤，该处理过程可对所有接下来的剩余分量 $r_j(t)$ 进行处理，得如下结果：

$$\left. \begin{array}{c} r_1(t) - c_2(t) = r_2(t) \\ r_2(t) - c_3(t) = r_3(t) \\ \vdots \\ r_{N-1}(t) - c_N(t) = r_N(t) \end{array} \right\} \tag{3.7}$$

步骤 4：最终源信号 $x(t)$ 可被分解为若干个 *IMF* 分量 $c_i(t)$ 和一个残余项 $r_N(t)$ 的和：

$$x(t) = \sum_{i=1}^{N} c_i(t) + r_N(t) \tag{3.8}$$

（2）集成经验模态分解

为了抑制经验模式分解方法（EMD）方法中的模式混叠现象，2009 年 Wu 和 Huang 等人提出了集合经验模式分解方法（EEMD），该方法将噪声辅助分析应用于 EMD 中，有效地抑制了混叠现象。EEMD 方法本质上是一种叠加高斯白噪声来使信号在不同特征时间尺度上具有连续性，从而解决了模式混叠问题，非常适用于非线性、非平稳微弱信号的检测。

EEMD 计算步骤如下：

① 在原始信号 $x(t)$ 中加入 $M$ 次（$M>1$）均值为零、幅值标准差的高斯白噪声 $n_i(t)$（$i=1 \rightarrow M$），即

$$x_i(t) = x(t) + n_i(t) \tag{3.9}$$

② 对 $x_i(t)$ 分别进行 EMD 分解，得到 $K$ 个 IMF，记为 $c_{ij}(t)(j=1 \rightarrow K)$，余项记为 $r_i(t)$。其中，$c_{ij}(t)$ 表示第 $i$ 次加入高斯白噪声后，分解所得到的第 $j$ 个 IMF；

③ 利用不相关随机序列的统计均值为零的原理，将上述步骤对应的 IMF 进行总体平均运算，以消除多次加入高斯白噪声对真实 IMF 的影响，最终得到的 EEMD 分解后的 IMF 和余项为：

$$c_j(t) = \frac{1}{M} \sum_{i=1}^{M} c_{ij}(t) \qquad (3.10)$$

$$r(t) = \frac{1}{N} \sum_{1}^{N} r_i(t) \qquad (3.11)$$

式中，$c_j(t)$ 表示对原始信号进行 EEMD 分解后得到的第 $j$ 个 IMF。

最终，得到 $K$ 个 IMF 分量和一个余项 $r(t)$：

$$x(t) = \sum_{j=1}^{K} c_j(t) + r(t) \qquad (3.12)$$

对于含有严重背景噪声的原始样本信号，EEMD 方法按照振动特性将其按照频率成分从高频到低频的顺序分解为不同振动模态的 IMF 分量，高频部分 IMF 分量的调制信号中含有大量故障信息，但是高频 IMF 分量中往往含有大量噪声成分，高频 IMF 分量中反应机械故障的脉冲冲击成分难以有效地提取。

对于仿真信号：

$$y(t) = 0.15 \sin(2\pi \times 8t) + 0.18 \sin(2\pi \times 52t) \qquad (3.13)$$

式中是 $y(t)$ 由 8Hz 和 52Hz，幅值分别为 0.15、0.18 的正弦波组成。理想 EEMD 分解可以分解出 8Hz 和 52Hz 两个不同频率的正弦波，但是实际工作中往往有大量的背景噪声，当故障信号相对于噪声来说比较微弱时，EEMD 分解中 IMF 分量就会难以对反应机械故障的脉冲冲击成分难以有效地提取。图 3.2 为原始信号时域图，图 3.3 为加入噪声强度为 1dBW 后的时域图以及频谱图。从图 3.3 中可以看出，无论是从加噪声信号时域图还是频谱图中，均无法很好地分辨出有用信号。

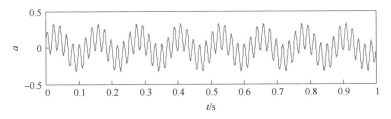

图 3.2　原始信号时域图

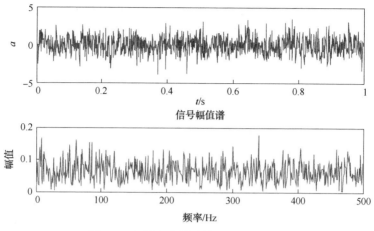

图 3.3　加噪声信号时域图以及频谱图

　　图 3.4 为加噪信号 EEMD 分解后前 6 个 IMF 分量及其频谱图，由于强噪声的存在，使得 imf1、imf2 两个分量为高频噪声成分，原始信号中的 52Hz 的频率信号被分解到了 imf3、imf4 分量中，imf5、imf6 则为原始信号中的 8Hz 频率成分，从图 3.4 的频谱图中可以看出，这两种频率的成分均无法清楚地分辨出来。

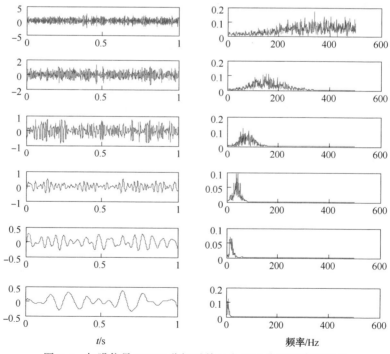

图 3.4　加噪信号 EEMD 分解后前 6 个 IMF 分量及其频谱图

对处于强噪声背景下的微弱原始样本信号，直接对原始样本信号进行 EEMD 分解，会出现分解后的 IMF 分量存在失真，检测不到微弱信号。因此在 EEMD 之后，需要对早期微弱故障 EEMD 分解后的 IMF 分量中反应故障冲击成分进行增强。

（3）经验模态分解中的模式混叠问题分析

仿真信号 $S$ 由高斯脉冲信号 $s1$（如图 3.6 所示）、频率为 10Hz、16Hz 的正弦信号，以及趋势项组成：

$$S = s1 + \sin(2 \times \pi \times 10 \times t) + \sin(2 \times \pi \times 16 \times t) + 0.5t \tag{3.14}$$

其中，$t$ 为时间，仿真信号如图 3.5 所示。

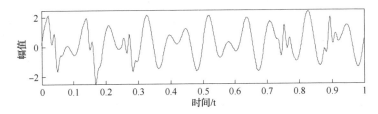

图 3.5　仿真信号

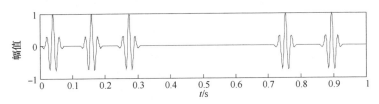

图 3.6　仿真信号中的高斯脉冲 $s1$

对仿真信号采用 EMD 方法进行分解，分解后的 IMF 分量如图 3.7 所示，第一个 IMF 分量 $c1$ 中可以看出分解出来的信号已经出现模式混叠，完全失真。只能从 $c1$ 的圈处看出一些冲击成分。从图 3.7 仿真信号的 EEMD 分解图中可以看出，$c1$、$c2$、$c3$、$rst$ 分别代表了原信号 $s$ 中的高斯脉冲 $s1$、10Hz 正弦、16Hz 正弦、趋势项成分。可以看出 EEMD 对冲击信号进行了很好的分解，并消除了模式混叠问题，仿真信号 EEMD 分解如图 3.8 所示。

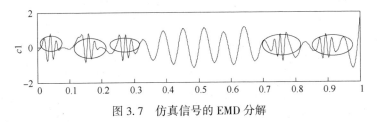

图 3.7　仿真信号的 EMD 分解

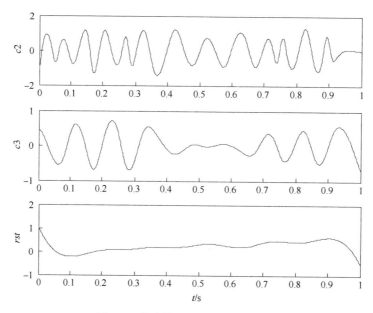

图 3.7 仿真信号的 EMD 分解(续)

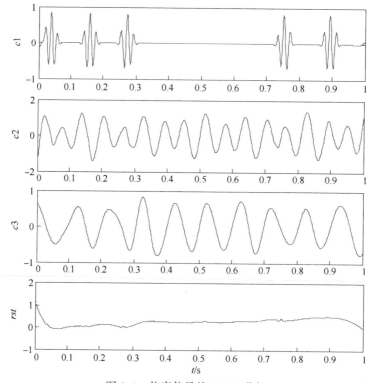

图 3.8 仿真信号的 EEMD 分解

### 3.2.3　变分模态分解方法及准则

变分模态分解(VMD)是一种新的信号分解估计方法,其整体框架是变分问题,使得每个模态的估计带宽之和最小,其中假设每个'模态'是具有不同中心频率的有限带宽,为解决这一变分问题,采用了交替方向乘子法,不断更新各模态及其中心频率,逐步将各模态解调到相应的基频带,最终各个模态及相应的中心频率被一同提取出来。

该方法中假设每个本征模态函数是具有不同中心频率的有限带宽,为使得每个本征模态函数的估计带宽之和最小,通过转换解决变分问题,将各本征模态函数解调到相应的基频带,最终提取各个本征模态函数及相应的中心频率[36]。

(1) 变分问题的构造

变分模态分解算法中,定义本征模态函数(IMF)为一个调幅–调频信号,其表达式为:

$$u_k(t) = A_k(t) \cos[\varphi_k(t)] \tag{3.15}$$

式中: $A_k(t)$ 为 $u_k(t)$ 的瞬时幅值; $w_k(t)$ 为 $u_k(t)$ 的瞬时频率, $w_k(t) = \varphi'_k(t) = \dfrac{\mathrm{d}\varphi(t)}{\mathrm{d}t}$。 $A_k(t)$ 及 $\omega_k(t)$ 相对于相位 $\varphi_k(t)$ 来说是缓变的,即在 $[t-\delta, t+\delta]$ 的间隔范围内 $[$ 其中 $\delta = 2\pi/\varphi'_k(t)]$, $u_k(t)$ 可以看作是一个幅值为 $A_k(t)$ 、频率为 $\omega_k(t)$ 的谐波信号。

假设每个'模态'是具有中心频率的有限带宽,变分问题描述为寻求 $k$ 个模态函数 $u_k(t)$ ,使得每个模态的估计带宽之和最小,约束条件为各模态之和等于输入信号 $f$ ,具体构造步骤如下:

① 通过 Hilbert 变换,得到每个模态函数的解析信号,目的是得到其单边频谱:

$$\left[\delta(t) + \frac{j}{\pi t}\right] \times u_k(t) \tag{3.16}$$

② 对各模态解析信号混合—预估中心频率,将每个模态的频谱调制到相应的基频带:

$$\left[\left(\delta(t) + \frac{j}{\pi t}\right) \times u_k(t)\right] e^{-j\omega_k t} \tag{3.17}$$

③ 计算以上解调信号梯度的平方范数,估计出各模态信号带宽,假定将原始信号 $x(t)$ 分解为 $K$ 个 IMF 分量,则对应的约束变分模型表达式如下:

$$\min_{\{u_k,\ w_k\}}\left\{\sum_k\left\|\partial_t\left[\left(\sigma(t)+\frac{j}{\pi t}\right)\times u_k(t)\right]e^{-jw_kt}\right\|_2^2\right\}$$

$$s.t.\quad \sum_k u_k=x(t)\tag{3.18}$$

式中：$\{u_k\}=\{u_1,\ \cdots,\ u_k\}$ 代表 IMF 分解得到的 $K$ 个 IMF 分量；$\{w_k\}=\{w_1,\ \cdots,\ w_k\}$ 表示各 IMF 分量的频率中心。

（2）变分问题的求解

① 为求取约束变分模型的最优解，VMD 通过引入二次惩罚因子 $\alpha$ 和 Lagrange 算子 $\lambda(t)$，将待求解的约束性变分问题转变为非约束性变分问题，其中二次惩罚因子 $\alpha$ 可保证信号的重构精度，Lagrange 算子 $\lambda(t)$ 可加强约束，扩展的 Lagrange 表达式如下：

$$L(\{u_k\},\ \{w_k\},\ \lambda)=\alpha\sum_k\left\|\partial_t\left[\left(\sigma(t)+\frac{j}{\pi t}\right)\times u_k(t)\right]e^{-jw_kt}\right\|_2^2$$

$$+\left\|x(t)-\sum_k u_k(t)\right\|_2^2+\left\langle\lambda(t),\ x(t)-\sum_k u_k(t)\right\rangle\tag{3.19}$$

式中：$\alpha$ 为惩罚因子(也称为平衡约束参数)，$\lambda$ 为 Lagrange 乘子。

② VMD 中采用乘法算子交替方向法（Alternate Direction Method of Multipliers，ADMM)解决以上变分问题，通过交替更新 $u_k^{n+1}$、$\omega_k^{n+1}$、$\lambda^{n+1}$ 寻求扩展 Lagrange 表达式的"鞍点"。

其中的 $u_k^{n+1}$ 取值问题可表述为：

$$u_k^{n+1}=\mathop{\mathrm{argmin}}_{u_k\in X}\left\{\alpha\left\|\partial_t\left[\left(\delta(t)+\frac{j}{\pi t}\right)\times u_k(t)\right]e^{-j\omega_kt}\right\|_2^2+\left\|f(t)-\sum_i u_i\left(t+\frac{\lambda(t)}{2}\right)\right\|_2^2\right\}\tag{3.20}$$

式中：$\omega_k$ 等同于 $\omega_k^{n+1}$；$\sum_{i\neq k}u_i(t)$ 等同于 $\sum u_i(t)^{n+1}$。采用 Parseval/Plancherel Fourier 等距变换将式(3.7)转变到频域：

$$\hat{u}_k^{n+1}=\mathop{\mathrm{argmin}}_{\hat{u}_k,\ u_k\in X}\{\alpha\ \|j\omega[(1+\mathrm{sgn}(\omega+\omega_k))\times\hat{u}_k(\omega+\omega_k)]\|_2^2$$

$$+\left\|\hat{f}(\omega)-\sum_i\hat{u}_i(\omega)+\frac{\hat{\lambda}(\omega)}{2}\right\|_2^2\}\tag{3.21}$$

用 $\omega-\omega_k$ 代替第一项的变量 $\omega$

$$\hat{u}_k^{n+1}=\mathop{\mathrm{argmin}}_{\hat{u}_k,\ u_k\in X}\{\alpha\ \|j(\omega-\omega_k)[(1+\mathrm{sgn}(\omega))\hat{u}_k(\omega)]\|_2^2$$

$$+\left\|\hat{f}(\omega)-\sum_i\hat{u}_i(\omega)+\frac{\hat{\lambda}(\omega)}{2}\right\|_2^2\}\tag{3.22}$$

将式(3.9)转换为非负频率区间积分的形式：

$$\hat{u}_k^{n+1} = \underset{\hat{u}_k,\ u_k \in X}{\mathrm{argmin}} \left\{ \int_0^\infty 4\alpha\,(\omega - \omega_k)^2 \,|\,\hat{u}_k(\omega)\,|^2 \right.$$

$$\left. + 2\,\left|\,\hat{f}(\omega) - \sum_i \hat{u}_i(\omega) + \frac{\hat{\lambda}(\omega)}{2}\,\right|^2 \mathrm{d}\omega \right\} \tag{3.23}$$

此时，得到待求解的二次优化问题解为：

$$\hat{u}_k^{\,n+1}(\omega) = \frac{\hat{f}(\omega) - \sum_{i \neq k} \hat{u}_i(\omega) + \dfrac{\hat{\lambda}(\omega)}{2}}{1 + 2\alpha\,(\omega - \omega_k)^2} \tag{3.24}$$

根据同样的过程，将中心频率的取值问题转换到频域上：

$$\hat{u}_k^{n+1} = \underset{\omega_k}{\mathrm{argmin}} \left\{ \int_0^\infty (\omega - \omega_k)^2 \,|\,\hat{u}_k(\omega)\,|^2 \mathrm{d}\omega \right\} \tag{3.25}$$

解得中心频率的更新方法：

$$\omega_k^{n+1} = \frac{\displaystyle\int_0^\infty \omega \,|\,\hat{u}_k(\omega)\,|^2 \mathrm{d}\omega}{\displaystyle\int_0^\infty |\,\hat{u}_k(\omega)\,|^2 \mathrm{d}\omega} \tag{3.26}$$

式中：$\hat{u}_k^{n+1}(\omega)$ 相当于当前剩余量 $\hat{f}(\omega) - \sum_{i \neq k} \hat{u}_i(\omega)$ 的维纳滤波；$\omega_k^{n+1}$ 为当前本征模态函数功率谱的重心；对 $\{\hat{u}_k(\omega)\}$ 进行傅立叶逆变换，其实部则为 $\{\hat{u}_k(t)\}$。

根据上述分析，VMD 计算流程可表示如下：

① 初始化 $\{u_k^1\}$、$\{w_k^1\}$、$\lambda^1$ 和 $n$ 为 0；

② $n = n+1$，执行整个循环；

③ 根据式(3.12)和(3.13)更新 $u_k$、$\omega_k$；

④ $k = k+1$，重复步骤③，直至 $k = K$；

⑤ 根据 $\lambda^{n+1} = \lambda^n + \tau(f - \sum u_k^{n+1})$，更新 $\lambda$；

⑥ 给定判别精度 $\varepsilon > 0$，若满足迭代停止条件 $\dfrac{\sum \| u_k^{n+1} - u_k^n \|_2^2}{\sum \| u_k^n \|_2^2} < \varepsilon$，则结束整个循环，输出结果得到 $K$ 个窄带 IMF 分量；否则重复②~⑤。

### 3.2.4　自适应变分模态分解

（1）自适应变分模态分解算法原理

VMD 算法相较于 EEMD 等其他自适应分解算法，其模态分量具有较好的稀疏性，但 VMD 算法分解结果的好坏受多个参数影响，其中模态数 K 及惩罚因子 $\alpha$ 对 VMD 算法的影响较大，参数选择的不合适会造成过分解、模态混叠以及产生虚假模态，因此对模态数 K 与惩罚因子 $\alpha$ 的参数优化是学者们讨论的焦点。

本文选取利用相关系数与 VMD 相结合来优化 VMD 分解算法，相关系数法是处理和分析信号的重要方法之一。在本文所提分方法中，相关系数用来计算 VMD 分解后得到的模态分量与原始信号的相关系数.

相关系数数学模型如下公式：
$$\rho_{xy} = \frac{\sum_{i=1}^{N}(x_i - \bar{x})(y_i - \bar{y})}{\sqrt{\sum_{i=1}^{N}(x_i - \bar{x})^2}\sqrt{\sum_{i=1}^{N}(y_i - \bar{y})^2}}$$

式中，$\bar{x}$ 为 IMF 分量的均值，$\bar{y}$ 为原始信号的均值，$\rho_{xy}$ 为两组信号的相关系数，范围在[-1,1]之间，$|\rho_{xy}|$ 越大表明分量信号与原始信号相关性越强，$|\rho_{xy}|$ 越接近 0 表明分量信号与原始信号相关性越弱，甚至不相关。

因为 $|\rho_{xy}|$ 越小代表分量信号与原始信号的相关性越弱，所以本文选取了相关系数 $|\rho_{xy}| = 0.1$，来作为所提出的 AVMD 算法中相关系数的临界值。惩罚因子作为 VMD 分解中需要人为调节的参数之一，过大或者过小不仅会增加模态混叠的几率，还会削弱降噪的效果。根据旋转机械故障振动信号的频谱分布特征，中低频区域主要由旋转频率及其相关特征频率（如轴承故障特征频率和齿轮啮合频率等）的谐波组成，而故障冲击和噪声干扰大多位于高频区域。同时谐波信号具有时域持续时间长、频域上较为紧凑的特点，而冲击信号具有时域短、频域宽的特点。因此为了更好的分理出固有的谐波信号与故障冲击、噪声信号，本文以采样频率作为确定惩罚因子的依据，取惩罚因子 $\alpha = 1/2fs \sim 2fs$。

将 VMD 分解与相关系数相结合来进行模态数的优化选取，初始化模态数 $K = 2$、惩罚因子 $\alpha = 1/2fs$、$fs$、相关系数阈值 $a = 10\%$。对信号进行 VMD 分解并计算分解后各模态与原信号之间的相关系数，若分解后各模态与原信号之间的相关系数最小值小于阈值 $a$，则停止分解；反之则增加模态数，继续分解，直到满足停止条件，以此来确定模数 K，最终储存最优 K、$\alpha$ 的值；自适应变分模态分解（AVMD）流程图如图 3.9 所示。

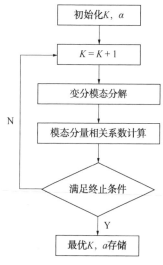

图 3.9　自适应变分模态
　　　　分解流程图

（2）仿真信号验证

为验证算法有效性，因此本小节以仿真信号为例，利用本文提出的 AVMD 算法来验证分解效果。对于周期仿真信号：$x(t) = x_1(t) + x_2(t) + x_3(t)$。

其中 $x_1(t) = \cos 8\pi t$，$x_2(t) = \dfrac{1}{2}\cos 96\pi t$，$x_3(t) = \dfrac{1}{8}\cos 576\pi t$，实际信号中包含着三个模态：4Hz 幅值为 1 的余弦，48Hz 幅值为 1/2 的余弦，288Hz 幅值为 1/8 的余弦。对其进行 AVMD 分解，预设不同的 $K(K = 2$、3、4、5$)$ 值，惩罚因子 $\alpha = fs$。并计算不同 $K$ 值下，各模态分量与原始信号的相关系数，如表 3.5 所示。

表 3.5　不同 $K$ 值下各模态分量与原信号的相关系数

| 模数 \ 相关系数 | $\rho_1$ | $\rho_2$ | $\rho_3$ | $\rho_4$ | $\rho_5$ |
|---|---|---|---|---|---|
| $K = 2$ | 0.9255 | 0.1334 | | | |
| $K = 3$ | 0.8847 | 0.4406 | 0.1195 | | |
| $K = 4$ | 0.8824 | 0.4445 | 0.1202 | 0.0569 | |
| $K = 5$ | 0.882 | 0.4467 | 0.0533 | 0.1171 | 0.0514 |

通过对各模态分量与原信号的相关系数可以看到，当 $K = 2$ 时，模态分量 $u2$ 与原信号的相关系数为 0.1334，当 $K = 4$ 时，模态分量 $u4$ 与原信号的相关系数只有 0.0569（小于阈值 $a = 10\%$），满足迭代停止条件选定模态数 $K = 3$。并做出 $K = 2$、3、4 时的 VMD 分解图，如图 3.10 所示。

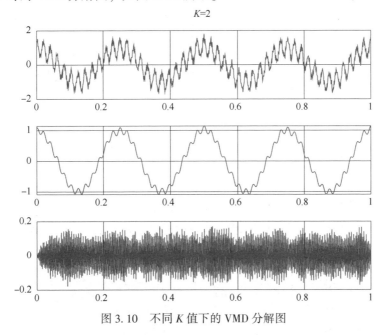

图 3.10　不同 $K$ 值下的 VMD 分解图

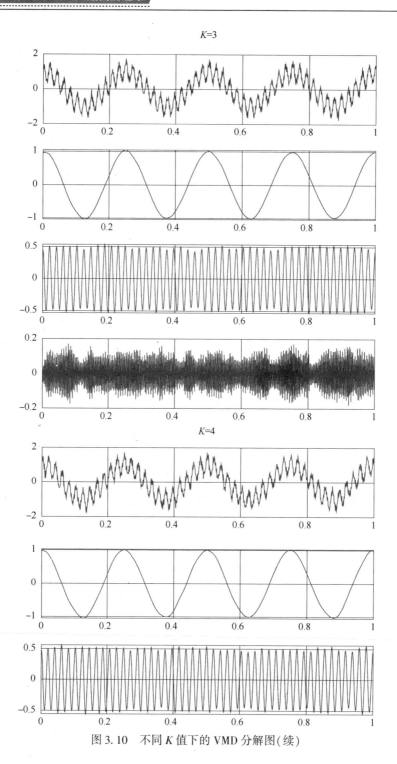

图 3.10  不同 $K$ 值下的 VMD 分解图(续)

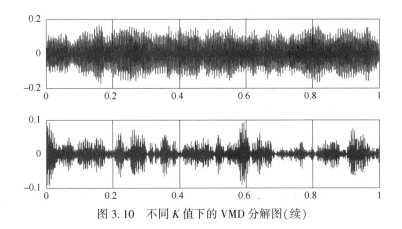

图 3.10　不同 $K$ 值下的 VMD 分解图(续)

从图 3.10 可以看出，$K=3$ 时，三个模态被很好的分解开。然而当 $K=2$ 时可以看到原信号中 4Hz 的余弦信号与 48Hz 的余弦信号被叠加在了一起，出现了"模态混叠"的现象；$K=4$ 时 $u_1(t)$、$u_2(t)$ 代表原信号中的 4Hz 与 48Hz 的余弦信号，$u_3(t)$ 代表 288Hz 的余弦信号，但同时也出现了虚假模态 $u_4(t)$。

根据周期仿真信号采样频率为 $fs=1000$Hz，取 $K=3$；分别取 $\alpha=1/8fs$、$1/2fs$、$fs$、$2fs$，做出不同惩罚因子 $\alpha$ 值下 VMD 分解后的各模态分量的频谱分布图，如图 3.11 所示。

从不同 $\alpha$ 值下的 VMD 分解后各模态分量频谱图可以看出，当 $\alpha=1/8fs$、$2fs$ 时，各模态信号分量出现比较严重的模态混叠的现象；当 $\alpha=fs$、$1/2fs$，时分量模态混叠的现象减弱，但是仍有部分频率段的分量并没有被分解出来，这主要是因为此时维纳滤波器的带宽较窄，属于原信号的部分频率成分会被过滤，造成信息缺失，而一些频率成分也会同时出现在多个分量中。

因此，通过上述对于仿真信号进行的分析可以看出，本文所提的预设惩罚因子 $\alpha=1/2fs$、$fs$，并且通过相关系数来对模态数 K 进行优化选取的自适应变分模态分解算法，对于信号的分解具有不错的效果。

### 3.2.5　局部均值分解

局部均值分解(Local Mean Decomposition，LMD)是一种新的自适应时频分析方法，该方法依靠信号的自身特点将复杂的多分量调幅调频信号分解为有限个的单分量调幅调频信号之和，进而求取瞬时频率和瞬时幅值并进行组合，得到原始信号完整的时频分布。在针对端点效应、虚假分量、过包络和欠包络等问题方面均比经验模态分解方法更好。

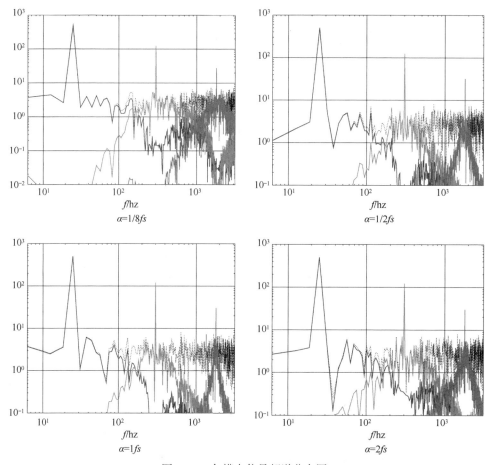

图 3.11　各模态信号频谱分布图

　　LMD 方法实质上是将一个复杂的多分量信号分解成若干个乘积函数和一个残余分量之和，再从原信号的不同频带提取出特征信息。整个分解过程中，需要不断地将原始信号中的高频成分提取出来并逐步剔除。分解开始时，首先需要找出信号的所有局部极燕值点和局部极小值点；然后通过滑动平均的方法获得信号的局部均值函数和包络估计函数，从原始信号中去除局部均值函数，并且与包络估计函数进行解调直到得到标准的纯调频函数，终止循环迭代；将迭代过程中产生的所有包络估计函数的乘积作为包络函数，并与最后所得的纯调频函数相乘，即求得了第一阶乘积函数分量；最后，从原始信号中分离出第一阶乘积函数分量后再重复以上步骤，依次分解得到各阶乘积分量及残余分量 R。

LMD 实现步骤如下：

① 原始信号为 $x(t)$，找出所有局部极值点 $n_i$，计算平均值 $m_i$，表达式如式（3.27）。将所有平均值 $m_i$ 在对应极值点时刻 $t_{n_i}$ 和 $t_{n_{i+1}}$ 之间进行连线，通过滑动平均法对延伸直线进行平滑处理，得到局部均值函数 $m_{11}(t)$。

$$m(i) = \frac{n_i + n_{i+1}}{2} \tag{3.27}$$

② 将所有局部幅值 $a_i$ 在对应极值点时刻 $t_{n_i}$ 和 $t_{n_{i+1}}$ 之间进行连线，通过滑动平均法对延伸直线进行平滑处理，得到局部均值函数 $a_{11}(t)$。局部幅值 $a_i$ 表达式如（3.28）所示。

$$a(i) = \frac{|n_i - n_{i+1}|}{2} \tag{3.28}$$

③ 从原始信号 $x(t)$ 中分离出局部均值函数 $m_{11}(t)$：$h_{11}(t) = x(t) - m_{11}(t)$。

④ 用 $a_{11}(t)$ 对 $h_{11}(t)$ 进行解调，得到：$s_{11}(t) = \dfrac{h_{11}(t)}{a_{11}(t)}$，此时我们需要判断 $s_{11}(t)$ 是否为纯调频函数，如果不是纯调频函数则 $s_{11}(t)$ 进行重复以上的迭代过程，直到得到一个纯调频信号 $s_{1n}(t)$。

⑤ 将所有局部包络函数相乘，得到包络信号 $a_1(t)$：

$$a_1(t) = a_{11}(t) a_{12}(t) \cdots a_{1n}(t) = \prod_{q=1}^{n} a_{1q}(t) \tag{3.29}$$

⑥ 求得原始信号的第一个乘积函数分量 $PF_1(t)$ 为包络信号 $a_1(t)$ 与纯调频信号 $s_{1n}(t)$ 的乘积：$PF_1(t) = a_1(t) \times s_{1n}(t)$。

⑦ 最后，从原始信号中将 $PF_1(t)$ 剔除出来，得到的新信号 $u_1(t)$ 作为一个新的原始信号，重复以上 6 个步骤并进行 k 次循环，直到得到一个单调函数 $u_k(t)$ 为止。

$$u_k(t) = u_{k-1}(t) - PF_k(t) \tag{3.30}$$

经过多次循环迭代的分解之后，原始信号最终被分解成 k 个 PF 分量和一个余量 $u_k(t)$ 之和：$x(t) = \displaystyle\sum_{p=1}^{k} PF_p(t) + u_k(t)$。

## 3.3　模糊熵特征集构建的实验验证

### 3.3.1　模糊熵的原理

模糊熵即在样本熵的基础上引入模糊隶属度函数，反映了时间序列中新模式产生概率的大小，与样本熵和近似熵不同，模糊熵不采用二态分类进行形相似性度量，而是采用模糊函数反映样本的相似性，在处理不确定信号时更具优势。

模糊熵计算过程如下：

（1）对于一组有 N 个数据点的时间序列 $X = [x_1, x_2, \ldots x_N]$，取相空间维数 m，构造 N−m+1 个维向量 $x_{m,i}$，即：

$$x_{m,i} = [x_i, x_{i+1}, \ldots x_{i+1-m}] - u_i \tag{3.31}$$

$$u_i = \frac{1}{m} \sum_{j=0}^{m-1} x_{i+j} \qquad i = 1, 2, \cdots N - m + 1 \tag{3.32}$$

式中，$u_i$ 为向量 $[x_i, x_{i+1}, \cdots, x_{i+1-m}]$ 的均值。

（2）定义向量 $X_m$，$X_{m,j}$ 绝对距离 $d_{m,ij}$ 为其对应元素差值的最大值，即：

$$d_{m,ij} = d[x_{m,j}, x_{m,j}] \tag{3.33}$$

$$d_{m,ij} = \max_{k=0,\cdots,m-1} |(x_{i+k} - u_i) - (x_{i+k} - u_j)| \tag{3.34}$$

式中，$i, j = 1, 2, \cdots, N-m$，$i \neq j$。

（1）引入模糊函数 $\mu(d_{m,ij}, n, r)$ 定义 $x_{m,i}$，$x_{m,j}$ 相似度 $D_{m,ij}$ 表达式为：

$$D_{m,ij} = \mu(d_{m,ij}, n, r) = \exp(-d_{m,ij}/r^n) \tag{3.35}$$

式中，$r$ 为容限界宽度；$n$ 为容限界梯度。

（2）定义函数

$$\varphi_m(n, r) = \frac{1}{N-m} \sum_{i-1}^{N-m} \frac{1}{N-m-1} \sum_{j=1, j\neq i}^{N-m} D_{m, ij} \tag{3.36}$$

（3）改变相空间维数为 m+1，重复上述步骤，得到函数：

$$\varphi_{m+1}(n, r) = \frac{1}{N-m} \sum_{i-1}^{N-m} \frac{1}{N-m-1} \sum_{j=1, j\neq i}^{N-m} D_{m+1, ij} \tag{3.37}$$

（4）当样本有 N 个数据点时，定义模糊熵为：

$$FE(N, m, n, r) = \ln \varphi_m(n, r) - \ln \varphi_{m+1}(n, r) \tag{3.38}$$

### 3.3.2　模糊熵特征集构建的方法步骤及流程

针对滚动轴承早期故障诊断中故障特征微弱难以提取的问题，本文提出 VMD 与互相关系数相结合的自适应变分模态分解方法，用以优化 VMD 的分解效果。对分解后的各个频带的上的模态分量计算其模糊熵，用以构建模糊熵特征集，最后进行故障识别。

基于自适应变分模态分解与模糊熵特征集构建方法的具体步骤及流程图如图3.12 所示。

（1）获取原始信号，初始化模态数 $K = 2$，惩罚因子 $\alpha$ 和互相关系数阈值 $a$ 使用默认值：$\alpha = fs$，$a = 0.1$；

（2）对振动信号进行 VMD 分解，计算各个模态与原信号之间的互相关系数，当互相关系数满足终止条件惩罚因子 $\alpha$ 小于阈值 10% 时，确定最优模态数 $K$ 与惩罚因子 $\alpha$；

（3）对振动信号进行优化后的 VMD 分解，生成 $K$ 个模态分量；

（4）计算 $K$ 个模态分量的多尺度模糊熵，以此构建多尺度多频带模糊熵特征集；

（5）把上一步骤中得到模糊熵特征集输入到分类器中进行故障识别。

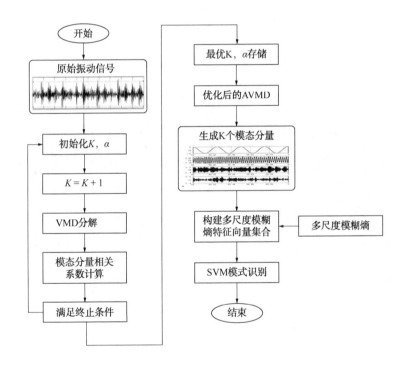

图 3.12　诊断流程图

### 3.3.3　试验台验证

本节采用凯斯西楚大学故障诊断综合实验台（CRUW）上不同运行状态下的故障数据来验证该方法的可行性，滚动轴承三种运行状态：（1）内圈故障；（2）外圈故障；（3）滚动体故障。

51

通过自适应变分模态分解对三种不同的故障信号进行分解。其中，内圈信号分解为 7 个模态分量，计算各模态分量与原信号之间的互相关系数得到当 $K=8$ 时（如表 3.6 所示），互相关系数为 0.0947，已超过初始设定的停止阈值 10%。内圈故障信号经 AVMD 分解过后如图 3.13 所示，其他两种状态的分解过程与内圈故障相同。信号内圈故障、外圈故障、滚动体故障通过 AVMD 得到的模态分量分别为 7、7 和 6 个。

**表 3.6　轴承内圈故障不同 K 值时各模态与原信号相关系数**

| 模数/相关系数 | $\rho_1$ | $\rho_2$ | $\rho_3$ | $\rho_4$ | $\rho_5$ | $\rho_6$ | $\rho_7$ | $\rho_8$ |
|---|---|---|---|---|---|---|---|---|
| $K=2$ | 0.5576 | 0.2306 | | | | | | |
| $K=3$ | 0.5638 | 0.2637 | 0.2303 | | | | | |
| $K=4$ | 0.5544 | 0.5407 | 0.3163 | 0.2217 | | | | |
| $K=5$ | 0.4042 | 0.4877 | 0.5364 | 0.3247 | 0.2184 | | | |
| $K=6$ | 0.4036 | 0.4871 | 0.5348 | 0.2108 | 0.3207 | 0.2175 | | |
| $K=7$ | 0.2646 | 0.3877 | 0.4737 | 0.5335 | 0.2620 | 0.2827 | 0.2142 | |
| $K=8$ | 0.2578 | 0.3819 | 0.4684 | 0.4627 | 0.4218 | 0.3105 | 0.2180 | 0.0947 |

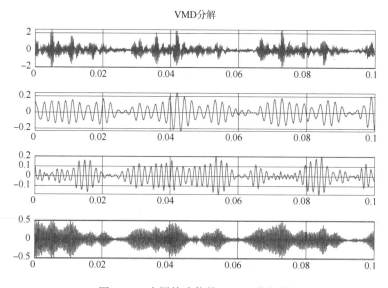

图 3.13　内圈故障信号 AVMD 分解图

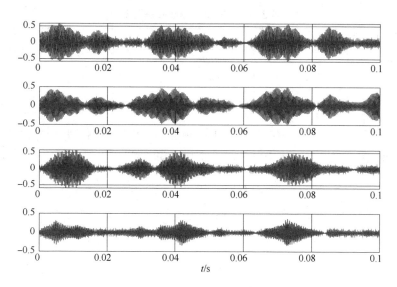

图 3.13　内圈故障信号 AVMD 分解图(续)

对于不同的故障信号经 AVMD 分解之后，从上述 3 种不同运行状态的振动信号中各提取 100 组数据样本，一共得到 300 组数据，数据样本长度为 1024 点，分别对其计算前 6 个模态分量的多尺度模糊熵，在求模糊熵的过程中，设定其参数值如下：

$$m=2，r=0.15Std，n=2，tau=1$$

各状态下轴承数据样本中的 70 组数据作为训练样本，30 组作为测试样本，构建不同的样本标签，把特征向量集输入到支持向量机进行模式识别，得到不同的运行状态下故障识别率如表 3.7 所示，从表中可以看出，本文使用的方法经 AVMD 分解后构建的多尺度模糊熵特征集的模式识别率为 95.6%。

表 3.7　轴承状态识别辨识结果

| 轴承状态 | 内圈故障 | 外圈故障 | 滚动体故障 |
|---|---|---|---|
| 准确率 | 96.7% | 96.7% | 93.9% |
| 平均准确率 | 95.6% | | |

并对该方法与其他方法进行对比，对采集到的故障信号分别进行 EEMD、LMD 分解，从各方法自适应分解出的模态分量中提取各频带的多尺度模糊熵，并构建特征集，输入 SVM 中进行状态辨识，故障识别率如表 3.8 所示。

表 3.8 不同特征集故障识别率

| 分解方法 | 内圈故障 | 外圈故障 | 滚动体故障 | 平均识别率 |
| --- | --- | --- | --- | --- |
| EEMD | 96.7% | 96.7% | 86.7% | 93.3% |
| LMD | 93.3% | 90% | 93.3% | 92.2% |
| AVMD | 96.7% | 96.7% | 93.9% | 95.6% |

从结果可以看出,AVMD 分解后不同频带上多尺度模糊熵特征集对不同运行状态更加敏感,准确率要优于其他的自适应分解方法。

# 第 4 章

## 风电机组传动系统早期故障辨识

传统的特征表示学习方法存在一些问题，例如需要领域的先验信息和专业知识，且提取的特征多为浅层特征，其泛化能力受到一定制约；特征提取依赖于原有特征和评估标准，对于新特征的挖掘具有一定局限性。随着大数据时代的到来，依靠人工提取特征的故障诊断方法将愈发困难且低效，因此越来越多的研究将机器学习方法应用到故障诊断领域中。

机器学习是人工智能的子领域，也是人工智能的核心，主要是设计和分析一些让计算机可以自动学习的算法。在 20 世纪 90 年代，由于神经网络的问题，各种各样的浅层机器学习模型相继被提出，比如支持向量机(SVM)、最大熵模型、Boosting 等。这些模型的结构基本上可以看成带有一层隐层节点，或没有隐层节点，其在理论分析和应用方面都获得了巨大的成功。深度学习也属于机器学习的子类，是一种特殊的机器学习，也是利用深度神经网络来解决特征表达的一种学习过程。深度神经网络本身并非是一个全新的概念，可理解为包含多个隐含层的神经网络结构。为了提高深层神经网络的训练效果，人们对神经元的连接方法以及激活函数等方面做出了调整。其目的在于建立、模拟人脑进行分析学习的神经网络，模仿人脑的机制来解释数据，如文本、图像、声音和信号等。

图 4.1 为机器学习的分类，机器学习从模型的层次上可以分为浅层学习和深度学习，浅层学习包含人工神经网络、支持向量机、最大熵模型和 Boosting 算法等；深度学习包含卷积神经网络、自动编码器和深度置信网络等。这章将会从浅层学习、深度学习以及小子样分析方法进行讲解。

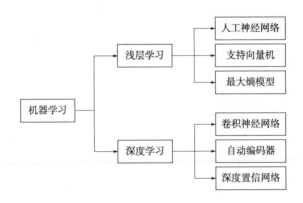

图 4.1　机器学习的分类

# 4.1　浅层学习基本理论

神经网络有三层，分别是输入层、输出层和隐藏层。浅层神经网络的隐藏层数量较少，虽然有研究表明浅层神经网络可以满足当下很多的功能与需求，但不可否认的是浅层神经网络比较大，参数数量较多。与浅层神经网络相比，深层神经网络可以用更少的参数更好组装出很多的功能。

## 4.1.1　人工神经网络

人工神经网络（Artificial Neural Networks，ANN）是一种模拟生物神经系统的结构和行为，进行分布式并行信息处理的算法数学模型。ANN通过调整内部神经元与神经元之间的权重关系，从而达到处理信息的目的。

（1）神经元

神经网络由大量的神经元相互连接而成。每个神经元接受线性组合的输入后，最开始只是简单的线性加权，后来给每个神经元加上了非线性的激活函数，从而进行非线性变换后输出。每两个神经元之间的连接代表加权值，称之为权重（weight）。不同的权重和激活函数，则会导致神经网络的输出不同。图4.2为神经网络的结构，其表达式为：$y = f(WX + b)$。

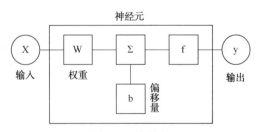

图4.2　神经元

（2）神经网络结构

将许多神经元组织在一起，便形成了神经网络，每一层都可能由单个或多个神经元组成，每一层的输出将会作为下一层的输入数据。图4.3为三层神经网络的结构，最左边的原始输入信息称之为输入层，该层要接受大量输入信息，统称为输入向量；最右边的神经元称之为输出层，信息在神经元中传输、分析并形成输出结果，统称为输出向量；中间的叫隐藏层，是输入层和输出层之间众多神经元和连接组成的各个层面。

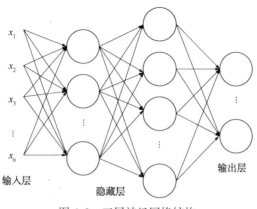

图 4.3　三层神经网络结构

### 4.1.2　多核支持向量机算法

SVM 是在统计学习理论技术上发展起来的一种新的机器学习方法，SVM 通过核函数将线性不可分样本映射到高维线性可分的特征空间，并基于结构风险最小化原则将高维空间的问题转化为二次规划问题，通过凸优化来获取全局最优解。SVM 具有极好的推广能力，适合处理小子样模式识别问题。LS-SVM 则通过将 SVM 中的二次规划问题转化为线性方程求解问题，大大地降低为 SVM 的模型训练复杂度和训练时间。与传统的模式识别方法相比 SVM 更适合处理局部极小点、小样本、非线性以及高维模式识别问题。

将线性不可分样本映射到高维线性可分的特征空间通过持向量机使用核函数，再利用结构风险最小化原则将高维空间的问题变换为二次规划问题，并且使用凸优化的方法来获取最优解。对于训练样本来说，它必须在高维函数空间中表示，并且在该函数空间中是线性可分的，但由于高维度会导致计算复杂度急剧增加，所以核函数作为一种数学工具被引入，以低维度解决高维度的问题。

（1）支持向量机（SVM）算法

对于训练样本集 $\{(y_i \in \boldsymbol{R}^d, I_i \in \boldsymbol{R}), i=1, \cdots, N\}$，其中 $y_i$ 为输入特征向量，$I_i \in \{+1, -1\}$ 为输入特征向量对应的类别，则 SVM 分类器的目标为寻找一个分类超平面来实现样本分类：

$$w^{\mathrm{T}}\varphi(y_i)+m \geqslant +1 \quad if \; l_i = +1$$
$$w^{\mathrm{T}}\varphi(y_i)+m \leqslant -1 \quad if \; l_i = -1$$

（4.1）

上式也可以进一步表述为：

$$l_i \times [w^{\mathrm{T}} \varphi(y_i) + m] \geqslant +1, \ i = 1, 2, \cdots, N \tag{4.2}$$

其中，非线性函数 $\varphi(\cdot)$：$R^4 \to R^H$ 将输入空间非线性地映射到高维特征空间，将低维输入空间的线性不可分问题转化为高维特征空间中的线性可分问题。$w \in R^d$ 为最优分类超平面的法向量，$m \in R$ 为偏移量，用来确定最优超平面的位置。然而，实际情况下为了使得获得的分类模型为最优且具有极好的推广能力，对于某些不满足式(4.2)的训练样本，则可以考虑在式(4.2)中增加一个松弛变量 $e_i >$ 0 用以容忍被错分的点，使得大多数训练样本满足式(4.2)：

$$\min_{w,m,e} J(w, e) = \frac{1}{2} \| w \|^2 + \frac{\tau}{2} \sum_{i=1}^{N} e_i^2 \tag{4.3}$$
$$s.t. \ l_i [w^{\mathrm{T}} \varphi(y_i) + m] = 1 - e_i, \ i = 1, \cdots, N$$

定义拉格朗日函数：

$$L(w, m, e, \alpha) = J(w, e) - \sum_{i=1}^{N} \alpha_I \{ l_i \times [w^{\mathrm{T}} \varphi(y_i) + m] - l + e_i \} - \sum_{i=1}^{N} v_i \alpha_i \tag{4.4}$$

上式中拉格朗日因子 $\alpha_i \geqslant 0$，$v_i \geqslant 0$。对上式(4.4)通过 $L$ 对 $w$，$m$，$e$ 求偏导并将其置为 0，则式(4.4)的优化问题的解析解为：

$$\begin{cases} \dfrac{\partial L}{\partial w} = w - \sum_{i=1}^{N} l_i \alpha_i y_i \\ \dfrac{\partial L}{\partial e} = \dfrac{\tau}{2} - \alpha_i - v_i \\ \dfrac{\partial L}{\partial m} = \sum_{i=1}^{N} l_i \alpha_a = 0 \end{cases} \tag{4.5}$$

将式(4.5)代入式(4.4)并由 Lagrange 方法可以得到式(4.4)的对偶优化问题：

$$\begin{cases} Max \quad L(\alpha) = \sum_{i=1}^{n} \alpha_i - \dfrac{1}{2} \sum_{i=1}^{n} \sum_{j=1}^{n} \alpha_i \alpha_j l_i l_j y_i^{\mathrm{T}} y_j \\ s.t. \sum_{i=1}^{n} l_i \alpha_i = 0, \ \alpha_i > 0, \ i = 1, \cdots, n \end{cases} \tag{4.6}$$

通过求解上式中最优化问题，可以得到 Lagrange 乘子 $\alpha_i^*$，再利用 KKT 条件可得到 $m^*$。选择满足 Mercer 条件的核函数来实现输入特征向量在高维特征空间的点积计算：$K(y_i, y) = \phi(y_i)^{\mathrm{T}} \phi(y)$，则 SVM 的最优分类超平面的决策函数为：

$$f(y) = \mathrm{sgn} \left[ \sum_{i=1}^{N} \alpha_i^* K(y_i, y) + m^* \right] \tag{4.7}$$

（2）最小二乘支持向量机（LS-SVM）算法

SVM 虽然具有极好的推广和全局最优的能力，且适合于小子样模式识别问题。然而，SVM 的计算量大，模型训练耗费时间长。LS-SVM 是 SVM 的改进算法，LS-SVM 将 SVM 中二次规划问题转换为求解线性方程组问题，大大地简化了模型训练的复杂度，极大提高了 SVM 的训练效率。

给定训练样本集 $\{(y_i \in \boldsymbol{R}^d,\ l_i \in \boldsymbol{R}),\ i = 1,\ \cdots,\ N\}$，LS-SVM 的目标函数为：

$$\min_{w,\ \xi} J(w,\ \varepsilon) = \frac{1}{2}\| w \|^2 + \frac{\tau}{2}\sum_{i=1}^{N}\varepsilon_i^2 \tag{4.8}$$

$$s.t.\ l_i[w^{\mathrm{T}}\varphi(y_i) + b] = 1 - \varepsilon_i,\ i = 1,\ \cdots,\ N$$

上式中，$\sum_{i=1}^{N}\varepsilon_i^2$ 为经验风险，$\tau$ 为惩罚因子。与 SVM 类似地，上式对偶问题的 Lagrange 算式为：

$$L(w,\ m,\ e,\ \alpha) = J(w,\ e) - \sum_{i=1}^{N}\alpha_i\{l_i \times [w^T\varphi(y_i) + m] - l + \varepsilon_i\} \tag{4.9}$$

通过 $L$ 对 $w$、$m$、$\varepsilon_i$、$\alpha_i$ 求偏导，并将偏导函数置为 0，则可得式（4.4）的解析解：

$$w = \sum_{i=1}^{N}\alpha_i l_i\varphi(y_i)$$

$$\alpha_i = \tau\varepsilon_i$$

$$\sum_{i=1}^{N}\alpha_i l_i = 0 \tag{4.10}$$

$$l_i(w^{\mathrm{T}}\varphi(y_i) + m) + \varepsilon_k - 1 = 0$$

最终，式（4.3）中的二次规划问题可以转化为如下所示的线性方程组的求解：

$$\begin{bmatrix} 0 & -\boldsymbol{Z}^{\mathrm{T}} \\ \boldsymbol{Z} & \boldsymbol{HH}^{\mathrm{T}} + \tau^{-1}\boldsymbol{I} \end{bmatrix}\begin{bmatrix} m \\ \alpha \end{bmatrix}\begin{bmatrix} 0 \\ \varepsilon \end{bmatrix} \tag{4.11}$$

其中，$\boldsymbol{H} = [\phi(y_1)^{\mathrm{T}}t_1,\ \cdots,\ \phi(y_N)^{\mathrm{T}}t_N]$，$Z = [t_1,\ \cdots,\ t_N]$，$\alpha = [\alpha_1,\ \cdots,\ \alpha_N]$。引入核函数来计算高维特征空间中的点积，则 LS-SVM 的分类方程为：

$$f(y) = \mathrm{sgn}\Big[\sum_{i=1}^{N}\alpha_i K(y_i,\ y) + m\Big] \tag{4.12}$$

支持向量机算法选择径向基函数（Radial Basis Function，RBF）：$K(y_i,\ y_j) = \exp(-\| y_i - y_j \|^2/\sigma^2)$ 作为 LS-SVM 的核函数，因此提出的基于 LS-SVM 的风电机组传动系统早期故障诊断模型就有两个参数需要优化：惩罚因子 $\tau$ 和核函数参数 $\sigma^2$。通过惩罚因子 $\tau$ 可以在计算复杂度和分类误差之间寻找一个平衡；核函数参

数 $\sigma^2$ 反映了训练数据的本质特征，两个参数均影响着 LS-SVM 的分类辨识精度和推广性能。

（3）优化多核支持向量机

IGA 将待解的目标问题类比为生物的入侵抗原，将问题的可行解类比为免疫系统的抗体，寻求问题最优解的过程实际上可以看作是生物系统寻求与抗原亲和力最大抗体的过程。抗体的抑制和促进能够保证种群中抗体的多样性，并提高 IGA 的局部搜索能力；抗体的交叉和变异既能保证抗体群朝着适应度高的方向进化，又维持了种群中抗体的多样性；记忆单元通过不断更新较优解来加快搜索速度，提高算法的全局搜索能力。IGA 算法流程图如图 4.4 所示。

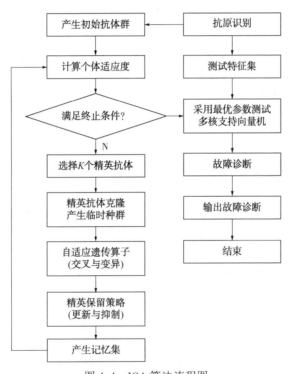

图 4.4 IGA 算法流程图

在 IGA-MSVM 中，利用 IGA 算法来优化权重因子、惩罚参数和核函数参数。首先定义抗体基因向量 $X$，以 MSVM 的权重因子 $\lambda$、惩罚参数 $c$ 和核函数参数 $\sigma$ 和 $d$ 组成抗体的初始向量。

$$X=[\lambda,\ c,\ \sigma,\ d] \tag{4.13}$$

为了使 MSVM 的实际输出和期望输出的误差平方和指标达到最小，定义 MSVM 基于训练样本的分类准确率 $E(x_i)$ 的适应度函数 $f(x_i)$：

$$f(x_i) = E(x_i) \tag{4.14}$$

IGA-MSVM 算法具体步骤如下：

（1）初始化种群参数，确定种群规模、适应度阈值、最大迭代次数，在惩罚参数和核函数参数范围内确定每个抗体的初始向量元素。

（2）根据抗体和训练样本，按式(4.14)计算每个抗体的适应度。

（3）对于当前种群，根据抗体的适应度排序，选出适应度最高的1个抗体作为精英抗体保存在1个专用变量中。

（4）若为第1代抗体群，则转到步骤(7)；否则，继续执行下一步操作。

（5）确定每个抗体的适应度；若当前抗体群中没有与精英抗体适应度相同的抗体，则将保存在专用变量中的精英抗体复制1个替换当前抗体群中适应度最小的抗体；否则，继续。

（6）若当前抗体群中适应度最大的抗体其适应度大于精英抗体的适应度，则将抗体群中适应度最大的抗体复制1个替代保存在专用变量中的当前精英抗体；否则，继续。

（7）依据抗体的相似度定义，计算每个抗体的浓度及选择概率；根据选择概率应用比例选择法对抗体种群执行选择和复制操作。

（8）计算的自适应交叉概率和自适应变异概率，对抗体群执行交叉和变异操作。

（9）判断设置条件是否满足。若条件满足，则输出结果，算法停止；若条件不满足，则返回到步骤(2)，继续循环操作。

### 4.1.3 最大熵模型

最大熵模型是一种典型的分类算法，与逻辑回归相似，都是属于对数线性分类模型。在损失函数优化的过程中，使用了和支持向量机类似的凸优化技术。在信息论中，熵（entropy）是表示随机变量不确定性的度量，如果一个事件是必然发生的，那么他的不确定度为0，不包含信息。

（1）信息熵

信息量度量的是一个具体事件发生了所带来的信息，信息的大小跟随机事件的概率有关。事情发生的概率越小，产生的信息量越大，否则，产生的信息量就越小。而熵则是在结果出来之前对可能产生的信息量的期望——考虑该随机变量的所有可能取值，即所有可能发生事件所带来的信息量的期望。熵度量了事物的不确定性，越不确定的事物，它的熵就越大。在没有外部环境的作用下，事物总是向着熵增大的方向发展，所以熵越大，可能性也越大。其表达式为(4.15)。

$$H(X) = -\sum_{i=1}^{n} p_{(x_i)} \log p_{(x_i)} \qquad (4.15)$$

其中 $p_{(x_i)}$ 代表随机事件 $X$ 为 $x_i$ 的概率。

（2）条件熵

条件熵的定义为 $X$ 给定条件下，$Y$ 的条件概率分布的熵对 $X$ 的数学期望。其表达式为(4.16)。

$$H(Y \mid X) = H(X, Y) - H(X) = -\sum_{x, y} p(x, y) \log p(y \mid x) \qquad (4.16)$$

（3）联合熵

联合熵度量的是一个联合分布的随机系统的不确定度。其表达式为(4.17)。

$$H(X, Y) = -\sum_{x, y} p_{(x, y)} \log p_{(x, y)} \qquad (4.17)$$

（4）互信息

表示两个变量 $X$ 与 $Y$ 是否有关系，以及关系的强弱.

$$I(X, Y) = \int_X \int_Y P(X, Y) \log \frac{P(X, Y)}{P(X)P(Y)} \qquad (4.18)$$

$$I(X, Y) = H(Y) - H(Y \mid X) \qquad (4.19)$$

$$I(X, Y) = H(Y) + H(X) - H(Y, X) \qquad (4.20)$$

可以看出，$I(X, Y)$ 可以解释为由 $X$ 引入而使 $Y$ 的不确定度减小的量，这个减小的量为 $H(Y \mid X)$。所以，如果 $X$，$Y$ 关系越密切，$I(X, Y)$ 就越大，$X$，$Y$ 完全不相关，$I(X, Y)$ 为 0，所以互信息越大，代表这个特征的分类效果越好。

最大熵模型在分类方法里算是比较优的模型，由于其约束函数的数目一般会随着样本量的增大而增大，导致样本量很大的时候，对偶函数优化求解的迭代过程非常慢。但是理解它仍然很有意义，尤其是它和很多分类方法都有千丝万缕的联系。

最大熵模型作为分类方法的优点：最大熵统计模型获得的是所有满足约束条件的模型中信息熵极大的模型，作为经典的分类模型时准确率较高；可以灵活地设置约束条件，通过约束条件的多少可以调节模型对未知数据的适应度和对已知数据的拟合程度

最大熵模型的缺点：由于约束函数数量和样本数目有关系，导致迭代过程计算量巨大，实际应用比较难。

# 4.2 深度学习基本理论

浅层学习模型通常要由人工的方法来获得好的样本特性，在此基础上进行识别和预测，因此方法的有效性在很大程度上受到特征提取的制约。深度神经网络的基本思想是通过构建多层网络，对目标进行多层表示，以期通过多层的高层次特征来表示数据的抽象语义信息，获得更好的特征鲁棒性。

深度学习模型以其优异的特征提取能力，以及自适应调节参数的特点，成功的应用于图像识别、自然语言处理、无人驾驶等多个领域。目前深度置信网路（DBN），卷积神经网络（CNN），递归神经网络（RNN）等深度学习模型被广泛的引入到故障诊断领域并取得较好效果。相较于传统故障诊断方法，深度学习算法具有更好的特征提取能力，在面对海量数据时，表现得更加从容。在实际应用中为了提高模型对数据的拟合程度，往往会选取深层模型，这会导致深度学习模型具有大量的待调整参数，会增加模型训练难度。而对于带标签数据较少的情况，模型无法得到充分训练，会导致其故障诊断准确率较低。

深度学习的优点如下：

① 深度学习是万能函数，具有强大的非线性拟合能力：其依靠多层神经网络可以任意精度逼近任何非线性连续函数。

② 具有较强的特征提取能力：机器学习需要把数据间的关系提取出来，即人工提取，而深度学习能够通过学习自动提取出数据间的"合理规则"，并存储在模型中。

③ 深度学习在巨量数据集上表现要优于机器学习，主要体现在深度学习的高维度数据处理能力。

④ 容错能力强，在部分神经元受到破坏后，对全局的训练结果不会造成很大的影响。

深度学习的缺点如下：

① 黑盒性：虽然可以任意精度逼近任何非线性连续函数，但也为此引出隐藏层复杂的神经元网络，我们不知道逼近的函数究竟是如何从数学上定义，网络为何要如此运行。

② 使用成本高：网络模型复杂度越高，对计算设备硬件能力就越高，另外对于数据质量要求也更高，导致人工标注成本高。

③ 调参有难度：相对于机器学习中一些简单的调参，深度学习调参就太讲

究了，比如寻找全局最优点就是一个比较有难度的工作。

在深度神经网络中，信息在每个神经元的节点之间并不是简单线性地进行传递，而是存在一个相对复杂的非线性函数关系，实现线性到非线性的转变就用到了激活函数。通过激活函数，将非线性元素融入神经网络，可以轻松拟合各种曲线。加入激活函数的神经网络使用更加平滑的曲线来分割平面，而不是用多个线性组合去逼近曲线，能够更好地拟合目标函数[37]。常见的激活函数有 Sigmod、Tanh、ReLU 及一些它们相应的变体等[38]。

Tanh 函数是一种双曲函数，输出区间为(-1，1)，其函数公式如(4.21)所示。Tanh 通常出现在神经网络的隐藏层中，用来解决二分类问题，但在输入过大或过小时容易导致梯度消失，影响权值的更新。

$$Tanh(x) = \frac{e^x - e^{-x}}{e^x + e^{-x}} \tag{4.21}$$

ReLU 函数公式如(4.22)所示，它的优点在于当输入大于零时，不会出现梯度饱和现象，计算速度相对较快。但当输入为负时输出始终为 0，导致在反向传播的过程中神经元进入"假死"状态。

$$f(x) = \begin{cases} x & x>0 \\ 0 & x \leq 0 \end{cases} \tag{4.22}$$

LeakyReLU 函数在 ReLU 函数的负半轴引入了一个参数 $\lambda(0，1)$，解决了 ReLU 负半轴输出值始终为 0，神经元不学习的缺点，但是 LeakyReLU 效果较 ReLU 函数好，但在实际应用中 ReLU 更加广泛。其函数如式(4.23)所示：

$$f(x) = \begin{cases} x & x>0 \\ \lambda x & x \leq 0 \end{cases} \tag{4.23}$$

### 4.2.1　卷积神经网络

卷积神经网络是一种多层的监督学习神经网络，隐含层的卷积层和池采样层是实现卷积神经网络特征提取功能的核心模块。该网络模型通过采用梯度下降法最小化损失函数对网络中的权重参数逐层反向调节，通过频繁的迭代训练提高网络的精度。卷积神经网络的低隐层是由卷积层和最大池采样层交替组成，高层是全连接层对应传统多层感知器的隐含层和逻辑回归分类器。第一个全连接层的输入是由卷积层和子采样层进行特征提取得到的特征图像。最后一层输出层是一个分类器，可以采用逻辑回归、Softmax 回归甚至是支持向量机对输入图像进行分类。

（1）局部感受

由于图像的空间联系是局部的，每个神经元不需要对全部的图像做感受，只需要感受局部特征即可，然后在更高层将这些感受得到的不同的局部神经元综合起来就可以得到全局的信息了，这样可以减少连接的数目。

（2）权值共享

不同神经元之间的参数共享可以减少需要求解的参数，使用多种滤波器去卷积图像就会得到多种特征映射。权值共享其实就是对图像用同样的卷积核进行卷积操作，也就意味着第一个隐藏层的所有神经元所能检测到处于图像不同位置的完全相同的特征。其主要的能力就能检测到不同位置的同一类型特征，也就是卷积网络能很好的适应图像的小范围的平移性，即有较好的平移不变性。

（3）卷积层

卷积层使用特有的卷积核对数据的局部进行运算，从而提取数据局部相应的特征，保留原始数据的空间特征，其优点是使用卷积核进行运算时权值共享，从而减少了网络的运算参数。降低了模型由于参数过多导致模型出现过拟合现象。

卷积运算的表达式如下式（4.24）所示。

$$b_m^n = g(x^n) = g\left( \sum_{j \in N_j} b_j^{n-1} A_m^n + a_m^n \right) \qquad (4.24)$$

式中 $b_m^n$ 是第 $n$ 层神经网络的第 $m$ 个卷积核的输出；$N_j$ 为第 $n$ 层输入数据的集合；$b_j^{n-1}$ 为第 $n$ 层输入的第 $j$ 个数据特征，$A_m^n$ 是第 $n$ 层的第 $m$ 个卷积核；$a_m^n$ 为第 $n$ 层的第 $m$ 个卷积核的偏置项；$g(\ )$ 是激活函数，通过激活函数对提取特征进行划分，使特征更容易区分。

（4）池化层

数据经过卷积层处理后，维度升高，参数增加，而网络会由于参数多导致过拟合，得不到好的训练模型，而经过池化层的下采样处理，神经网络的参数就会减少同时保留有用信息，并且可以混淆特征的具体位置。经过不断地卷积、池化，来改变输入数据的维度大小，使得其可以映射到输出空间中。

池化层通常被分为最大池化层、平均池化层、全局平均池化层等。数学表达式分别如下所示。

$$q^{l(i,j)} = \max_{(j-i)\omega+1 \leq t \leq j\omega} \{ c^{l(i,j)} \} \qquad (4.25)$$

$$q^{l(i,j)} = \frac{1}{\omega} \sum_{t=(j-i)\omega}^{j\omega} c^{l(i,j)} \qquad (4.26)$$

$$q^{l(i, j)} = \frac{1}{d} \sum_{i=1}^{d} c_{1:\,h,\,1:\,\omega,\,1}^{l} \tag{4.27}$$

式中 $q$ 为池化层输出值，$\omega$ 为池化层的宽度，$c$ 为上层激活函数的输出值。最大池化层是通过选取过滤器中的最大值作为采样特征，平均池化层是用过滤器中数的平均数作为采样特征输出。全局平均池化层的一个值就代替了一类特征，不需要再经过全连接层的特征提取就可以用 Softmax 进行分类了，所以平均池化层可以对数据的特征进行特征归一处理，代替全连接层的作用。这样降低网络参数，防止了神经网络过拟合，减少了网络的训练时间。

（5）全连接层

全连接层是对卷积层提取的特征再次提取特征，待最后一层池化层处理完数据后，先将提取的数据特征转化为一维向量，然后使用全连接层对转化的一维向量特征进行更高维度的特征的提取，最后经过 Softmax 激活函数进行数据分类，该激活函数是将输入数据转化为和 1 的概率分布。

全连接层进行高维度数据特征提取的数学表达式如式（4.28）所示。

$$z^{l+1(j)} = \sum_{i=1}^{n} \omega_{ij}^{l} a^{l(i)} + b_{j}^{l} \tag{4.28}$$

式中 $\omega_{ij}^{l}$ 是第 $l$ 层第 $i$ 神经元与第 $l+1$ 层第 $j$ 个神经元之间的权值，$z^{l+1(j)}$ 是第 $l+1$ 层第 $j$ 个神经元提取特征的输出，$b_{j}^{l}$ 是对应的偏置值。

## 4.2.2　自动编码器

（1）自编码器原理概述

在深度学习中，自动编码器是一种无监督的神经网络模型，它可以学习到输入数据的隐含特征，这称为编码（coding），同时用学习到的新特征可以重构出原始输入数据，称之为解码（decoding）。自编码器由编码器和解码器两部分组成，编码器由输入层和隐含层组成，这部分能将输入压缩成潜在空间表征，可以用编码函数 $h=f(x)$ 表示；解码器由隐含层和输出层组成，这部分能重构来自潜在空间表征的输入，可以用解码函数 $r=g(h)$ 表示。自动编码器结构如图 4.5 所示。

整个自编码器可以用函数 $g(f(x))=r$ 来描述，其中输出 $r$ 与原始输入 $x$ 相近。该网络的目的是重构其输入，使其隐藏层学习到该输入的良好表征。如果输入完全等于输出，即 $g(f(x))=x$，该网络毫无意义。所以需要向自编码器强加一些约束，使它只能近似地复制。这些约束强制模型考虑输入数据的哪些部分需要被优先复制，因此它往往能学习到数据的有用特性。一般情况下有两种约束：

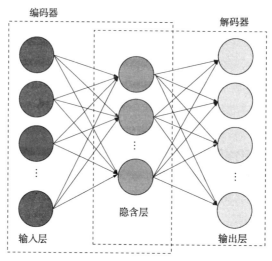

图 4.5　自动编码器结构

① 若隐层的维度小于输入的维度，则称为不完备自编码器。如果隐藏节点比可视节点(输入、输出)少，由于被迫的降维，自编码器会自动学习训练样本的特征(变化最大，信息量最多的维度)。

② 若隐层的维度大于输入数据的维度，则称为过完备自编码器。如果隐藏节点数目过多，自编码器可能会习得一种"恒等函数，即直接把输入作为输出。因此需要添加其它的约束，比如正则化、稀疏性等。

(2) 自编码器的分类

根据对隐层特征侧重点的不同，出现了各种不同的自编码器的变种

① 堆栈自动编码器：自编码器的编码器和解码器可以采用深层的架构，这就是堆栈自动编码器或者深度自动编码器，本质上就是增加中间特征层数。以前栈式自编码器的训练过程是，n 个 AE 按顺序训练，第 1 个 AE 训练完成后，将其编码器的输出作为第 2 个 AE 的输入，以此类推。最后再对整个网络进行 Fine turning。但是现在的深度学习技术已经可以直接进行多层训练而无需逐层训练。

② 卷积自编码器：在编码器和解码器中使用卷积层抽取和还原特征。

③ 正则自编码器：使用的损失函数可以鼓励模型学习其他特性(除了将输入复制到输出)，而不必限制使用浅层的编码器和解码器以及小的编码维数来限制模型的容量。即使模型容量大到足以学习一个无意义的恒等函数，非线性且过完备的正则自编码器仍然能够从数据中学到一些关于数据分布的有用信息。常用的

正则化有 L1 正则化和 L2 正则化。

④ 去噪自编码器：接收带噪声的数据，并将未带噪声的数据作为训练目标，得到一个用于去噪的自编码器。

⑤ 稀疏自编码器：正则自编码器要求隐层的权重不能太大，而稀疏自编码器的是要求隐层的神经元添加稀疏性限制。所谓稀疏性，就是对一对输入图像，隐藏节点中被激活的节点数(输出接近 1)远远小于被抑制的节点数目(输出接近 0)。通过对隐层神经元的大部分输出进行抑制使网络达到一个稀疏的效果。

### 4.2.3　深度置信网络

深度置信网络(Deep Belief Network，DBN)是使用受限波尔兹曼机(Restricted Boltzmann Machines，RBM)构成的一种深度神经网络。DBN 算法既可以用于非监督学习，也可以用于监督学习。DBN 是一个概率生成模型，与传统的判别模型的神经网络相对，生成模型是建立一个观察数据和标签之间的联合分布。通过训练其神经元间的权重，可以让整个神经网络按照最大概率来生成训练数据。不仅可以使用 DBN 来识别特征、分类数据，还可以用它来生成数据。DBN 算法是一种非常实用的学习算法，应用范围较广，扩展性也强，可应用于机器学习之手写字识别、语音识别和图像处理等领域。

（1）RBM 简介

RBM 属于一种无监督学习的方法，无监督学习的目的是最大可能地拟合训练数据。RBM 只有两层神经元，每一层都可以用一个向量来表示，每一维表示每个神经元，如图 4.6 为 RBM 结构图。图中上层神经元的组成称为隐层，由隐元组成，用于特征提取；下层神经元为显元，组成显层，用于输入训练数据。

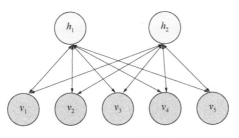

图 4.6　RBM 结构图

（2）DBN 的训练

DBN 是由多层 RBM 组成的一个神经网络，它既可以被看作一个生成模型，也可以当作判别模型，其训练过程是：使用非监督贪婪逐层方法去预训练获得权值。训练 DBN 的过程是一层一层地进行的，在每一层中，用数据向量来推断隐层，再把这一隐层当作下一层(高一层)的数据向量。即将若干个 RBM"串联"起来则构成了一个 DBN，其中，上一个 RBM 的隐层即为下一个 RBM 的显层，上一个 RBM 的输出即为下一个 RBM 的输入。训练过程中，需要充分训练上一层的 RBM 后才能训练当前层的 RBM，直至最后一层。经典的 DBN 网络结构是由若干层 RBM 和一层 BP 组成的一种深层神经网络，结构如图 4.7 所示。

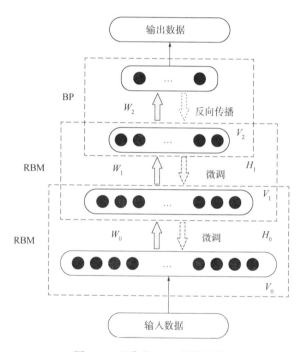

图 4.7　经典的 DBN 网络结构

DBN 在训练模型的过程中主要分为两步：

第 1 步：按照顺序依次训练每一层 RBM 网络，确保特征向量映射到不同特征空间时，能保留尽可能多的特征信息；

第 2 步：在 DBN 最后一层设置 BP 网络，同时将最后一个 RBM 的输出特征向量作为 BP 网络的输入特征向量，有监督地训练实体关系分类器。接着反向传播网络将错误信息自顶向下传播至每一层 RBM，微调整个 DBN 网络。

# 4.3　小子样分析方法

如今，人们越来越关注小样本的推理分析和统计评价方法，这是一个必然的趋势。国外用于小样本的主要统计方法包括顺序决策法、贝叶斯法、自举法和基于统计学习理论(SLT)的支持向量机(SVM)。Bootstrap 是由 Efron 在 1979 年提出的，是一种近似于复杂统计量估计值分布的一般方法。Bootstrap 是一种基于实验观察的模拟样本的不确定性分析方法。自举法是一种基于实验观察的模拟抽样的不确定性分析工具。自举法适用于估计任何分布和任何参数，特别适用于估计统计中的标准误差和置信区间，而不依赖传统统计方法中的分布假设。最初的 Bootstrap 方法是一种非参数方法。因为 Bootstrap 的优点，许多研究人员对它进行了深入研究，并产生了许多变体，如贝叶斯 Bootstrap、参数 Bootstrap 等等。自 20 世纪 60 年代以来，研究人员一直在研究有限样本的统计学习，但这项研究直到 20 世纪 90 年代中期才得到重视，此时有限样本的统计学习理论已经发展成熟，但神经网络等学习方法对理解学习过程的本质并无重大贡献，统计学习理论开始受到更多关注。1995 年，统计学习领域的发展是由 Vapanik 提出了一种基于统计学习理论的新的学习算法——支持向量机，这是一种完全基于统计学习理论的结构风险最小化的归纳原理的实现，具有很好的学习特性，其主要内容在 1992~1995 年完成，并成功应用于各个领域。成功的应用包括人脸识别、文字识别等。在可靠性领域，关于使用支持向量机的研究仍处于起步阶段。

国内对小样本统计推断理论的研究开始于 20 世纪 60 年代，并在 80 年代以来取得了相当大的进展，特别是在武器系统的实验评估和鉴定方面。各种小样本统计推断方法都得到了研究和发展，如贝叶斯法、引导贝叶斯法、小样本拟合检验、极值分布、量化法等。然而，目前应用型的研究主要是在模式识别领域，在使用参考向量机对小样本进行可靠性分析方面仍有空白需要填补。

# 第5章

## 风电机组传动系统故障诊断系统设计

结合风电机组传动系统本身结构和工作环境的特点，设计风电机组传动系统状态监测与早期故障诊断系统，并在 C#+SQL Server008 平台上实现系统的研发。系统的主要功能包括：数据采集、信号分析、特征提取、信息融合、故障诊断等功能。最后，利用风电机组传动系统振动信号对该系统的有效性进行了验证。

# 5.1　系统的总体设计

## 5.1.1　系统的需求分析

结合风电机组传动系统结构和运行工况复杂且需要长时间、不间断地对其运行状态进行监测等特点，要求风电机组传动系统状态监测与早期故障诊断系统达到以下的技术要求：

（1）信息分析与处理的实时性：可快速地对采集的信号进行分析，准确地判断风电机组传动系统的工作状态，若系统处于异常工作状态，需要准确地判断出现异常的位置和运行状态的模式，及时地给出报警和处理建议。

（2）可靠的信号采集：风电机组传动系统工作环境和运行工况复杂，要求采集设备可靠性高、抗干扰能力强、能够实现远程控制等。此外，还需要合理的布置传感器的安装位置、设置信号的采集参数等，以准确地获取风电机组传动系统各部件的运行状态数据。

（3）方便、可靠的信号传输与管理：信号可以通过网络传输到远端的服务器和客户端，要求数据的传输效率高且实时性好，由于风电机组传动系统状态监测的数据量大，需要采用数据库的方式来进行数据的管理与维护，要求数据库的容量大、数据表的结构设计合理，且必须保证客户端可以通过访问数据库快速、便捷地获得相应的数据。

（4）系统可扩充性强：可以对系统的功能不断地进行扩充和更新。在系统现有的常规信号处理功能和状态识别、智能故障诊断以及决策制定功能的基础上，便于对系统的功能进行扩展和升级，包括风电机组传动系统的寿命状态识别、趋势预测、剩余寿命估计等新功能。

（5）友好的人机交互：风电机组传动系统状态监测与早期故障诊断系统要求操作简洁、人机交互方便、界面友好；数据处理和分析结果可直观地在屏幕上显示，便于用户分析和判断；可保存系统设置参数，以免每次使用都需要重新设置相应参数；可实现数据和分析结果的导出，方便后续处理。

以上技术要求为风电机组传动系统状态监测与早期故障诊断系统的总体构架设计、硬件平台的搭建和软件功能的开发提供了指导。

## 5.1.2 系统的总体结构

根据系统的需求分析以及功能划分，风电机组传动系统状态监测与早期故障诊断系统的总体设计如图5.1所示，主要包括前端采集设备、数据采集模块、数据服务器以及状态监测集成软件(简称为客户端)四个部分。前端采集设备主要负责信号的采集工作，每台风电机组都拥有一套独立的采集设备。数据采集模块可以对采集设备进行参数设置，如：设备IP、采样通道数、采样频率、采样时间以及采样模式等，采集模块可以控制多个采集设备。采集模块可以通过有线和无线的方式将采集的信号发送到远程客户端或者数据库。数据库用于保存数据、信号分析处理结果以及系统的各种配置参数等。客户端是系统的人机交互工具，也承担着对数据进行分析处理的任务，客户端主要完成数据浏览、信号分析、故障诊断与决策制定、故障报警等功能，并且客户端可以对采集模块发送指令来进行数据实时浏览，以及从数据库中调取数据进行分析并将分析处理结果存入数据库。

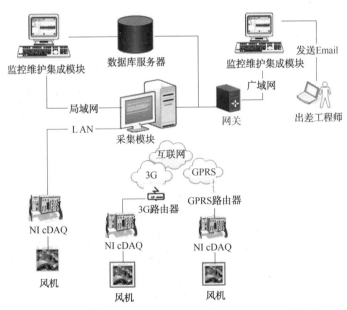

图5.1 风电机组状态监测与早期故障诊断系统总体架构

## 5.2 系统功能的实现

### 5.2.1 前端采集设备选择

风电机组工作环境恶劣，环境干扰强，要求采集设备具有高可靠性、高精度、高抗干扰能力。传感器部分，采用SKF公司的针对风力发电设备的普通加速度传感器CMSS-WIND。该系列的传感器机械特征可靠、体积小、重量轻，内嵌有过载保护电子器件、耐高冲击性好，低电容且屏蔽充分、噪音低、信号传输性好，传感器和内部电缆的屏蔽/接地是与传感器的外壳完全绝缘的，无需构建专门的接地环路。对于主轴和齿轮箱输入轴的转速较低，特征频率主要分布在低频部分，因此采用专用低频加速度传感器CMSS-WIND-375(频率响应范围0.2Hz~10kHz)和朗斯振动加速度传感器LC0166T(频率响应范围0.1~2000Hz)进行采集。针对齿轮箱输出轴、发电机轴承等频率范围较大的测点，使用专用普通加速度传感器CMSS-WIND-100(测量范围1Hz~10kHz)进行采集。采用电涡流传感器IFM IG5533进行转速信号采集，该传感器通过高低电压变化次数计算转速。前端采集设备选型如图5.2所示。

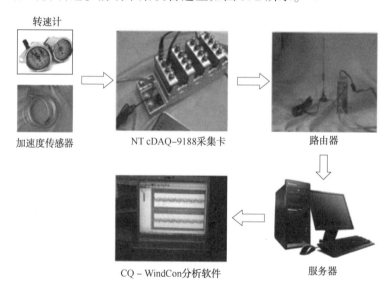

图 5.2 前端采集设备选型

由于系统需要进行远端采集且采集通道数较多，因此采用 NI cDAQ-9188 数据采集机箱，NI cDAQ-9188 可通过有线或者无线方式（GPRS、3G）传输数据将数据传回采集模块，可实现远端数据采集和操作，且拥有 8 个采集卡插槽，可配置 NI 提供的 50 多种不同的 I/O 模块，搭配十分灵活。振动和转速测试采用分辨率较高的振动噪声测量模块 NI 9234。

### 5.2.2 测点布置与传感器安装

（1）测点布置

对内蒙古大唐乌力吉风场 2MW 的风电机组传动系统进行了振动信号测试，该齿轮箱采用一级行星和两级平行轴传动，行星级采用内齿圈固定，行星架输入，太阳轮输出，所有齿轮均为斜齿轮。根据国家能源局颁布的《风力发电机组振动状态监测导则》，至少需要在风电机组传动系统的主轴承径向设置一个测量点，在齿轮箱的行星齿轮、中间轴轴承和高速轴轴承的径向各需要一个测点，发电机轴承径向需要 2 个测点。据此，对传感器的测点进行布置，传感器各测点的安装位置如图 5.3 和表 5.1 所示。主要布置了 4 个低频加速度传感器和 6 个高频加速度传感，以及 1 个转速采集传感器，共 11 个传感器测点。

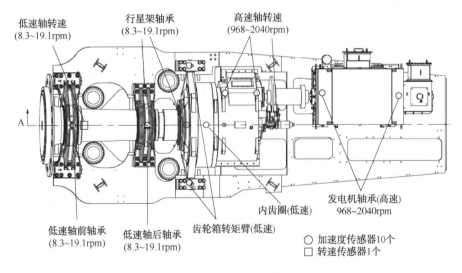

图 5.3 振动测点的位置

表 5.1 风电机组数据采集系统测点分布

| 测点 | 测量对象 | 传感器位置 | 传感器类型 |
| --- | --- | --- | --- |
| 1 | 主轴前轴承 | 轴承座径向 | 低频加速度传感器 |
| 2 | 主轴后轴承 | 轴承座径向 | 低频加速度传感器 |
| 3 | 齿轮箱转矩臂 | 转矩臂台架 | 低频加速度传感器 |
| 4 | 齿轮箱转矩臂 | 转矩臂台架 | 低频加速度传感器 |
| 5 | 行星架轴承 | 轴承端盖径向 | 标准加速度传感器 |
| 6 | 内齿圈 | 内齿圈径向 | 标准加速度传感器 |
| 7 | 高速轴前轴承 | 轴承座径向 | 标准加速度传感器 |
| 8 | 高速轴后轴承 | 轴承座径向 | 标准加速度传感器 |
| 9 | 发电机前轴承 | 轴承端盖径向 | 标准加速度传感器 |
| 10 | 发电机后轴承 | 轴承端盖径向 | 标准加速度传感器 |
| 11 | 主轴转速 | 主轴端 | 转速计 |

（2）传感器安装

由于风力发电设备上没有提供安装传感器的螺纹孔，因此无法采用刚性机械紧固的方式进行安装，针对低频振动加速度传感器采用磁力座固定的方式进行安装，方便安装与拆卸且不影响数据采集。针对高频振动加速度传感器采用胶水粘结固定的方法安装，具有良好的频率特性、保证信号采集的准确性。振动加速度传感器的两种安装方式如图 5.4 所示。

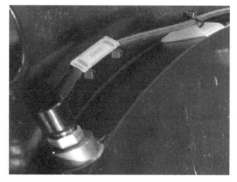

图 5.4 振动传感器的安装

转速计是用螺栓固定在机壳上，在转轴上安装一个环形的铁片，上面均匀地加工出小孔，小孔的截面必须比电涡流传感器截面大。环形铁片随着转轴一起转动，则电涡流传感器会产生脉冲信号并可进一步计算出转轴的转速。转速计的具体安装如图 5.5 所示。

图 5.5 转速计安装方式

### 5.2.3 监测系统软件功能实现

按照系统软件的功能进行划分，系统主要组成部分包括数据采集模块、数据传输和数据存储、信号分析与处理模块、特征提取和故障诊断模块，如图 5.6 所示。采集模块集成了数据采集、数据远程传输与数据存储功能，信号分析与处理模块集成了常用的数据分析方法，包括频谱分析、波形分析、时频分析等，特征提取和故障诊断模块实现了前文提出的算法，主要涵盖了信号非线性消噪、特征

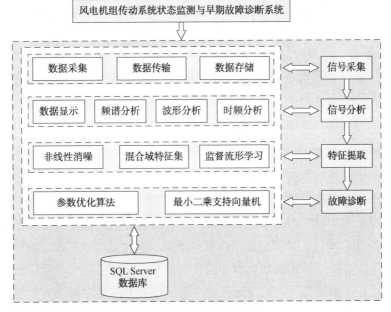

图 5.6 风电机组传动系统状态监测与早期故障诊断系统软件功能结构图

提取与维数约简、故障模式识别，各子模块之间通过数据库进行数据交互。系统的软件部分采用 C#语言在 Visual Studio 2008 应用程序开发平台上实现。基于.net 技术的 C#语言是一种功能强大的面向对象的编程语言，提供了大量现成的控件供用户选择，开发过程比使用 Visual C++简单且可实现相同的功能，大大减小了程序开发的难度和开发周期，并且 C#非常适合于开发网络应用程序。风电机组传动系统状态监测与早期故障诊断系统软件主界面如图 5.7 所示。系统主界面包括主功能按钮、菜单栏、辅助工具栏、数据库表单列表、状态栏、图形显示区几个部分。

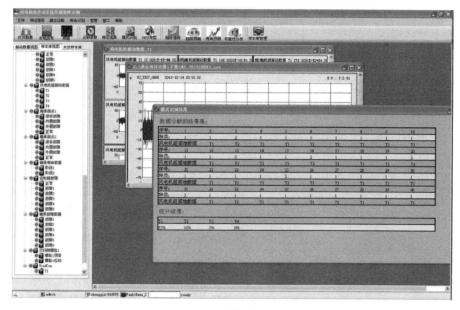

图 5.7　系统软件主界面

（1）数据采集模块

数据采集模块主要负责数据的采集、数据远程传输与数据存储。采集模块可以连接多个前端采集设备，前端采集设备通过有线或者无线的方式与采集模块连接，采集模块从数据库中读取采集参数，并对前端采集设备进行设置，包括了前端采集设备 IP、端口、采样通道数、采样频率、采样长度或采样时间等参数。采集模块将采集得到的原始振动数据存储在数据库中，同时也可以响应远程客户端提出的要求，将数据实时传输给远程客户端。在采集模块中需要事先配置数据库服务器的 IP、数据库名称，提供访问数据库的用户名、用户密码以及 TCP/IP 端口等信息。开发的远程采集模块的界面如图 5.8 所示。

图 5.8　数据采集软件界面

（2）数据库模块

风电机组状态监测数据量巨大，且需要长时间进行监测，需要记录历史数据以便跟踪风电机组的运行状态变化情况；由于风电机组安装分散且分布在偏远地区，工程人员通常都需要进行远程访问；此外风电机组监测系统的子模块多，各模块之间的数据交互频繁，系统需要设置的参数以及处理的结果需要进行保存。因此，必须采用数据库的形式来进行风电机组状态监测的数据管理。本系统采用SQL Server 2008 作为数据库服务器，数据库支持多种形式的数据存储方式，包括文本信息、二进制信息、图像信息、数字信息、图片信息等各种数据，并且数据的导入、导出和转换等操作方便、快捷，而且其扩展性强，可实现本地、局域网、广域网访问。.net Framework 3.8 支持 SQL Server 数据库，且封装了数据库通用访问类，开发人员可以直接调用相关的函数进行数据库操作，结合 C#语言进行数据的开发十分简单、便捷。客户端在进行数据库的访问时，需要提供数据库的访问用户名和密码，数据库登陆界面如图 5.9 所示，当配对成功时才可以对数据库进行访问，且对不同的用户分配了不同的数据库访问权限，确保了数据库操作的安全。

图 5.9　数据库用户登录界面

（3）信号分析与故障诊断模块

信号分析与故障诊断模块集成了数据分析、信号消噪、特征提取与特征选择、特征集维数约简以及故障模式识别等功能。信号处理模块集成了多种常用信号处理方法，包括频谱分析、波形分析、时频分析等。图 5.10 给出了一组振动信号的频谱分析结果。

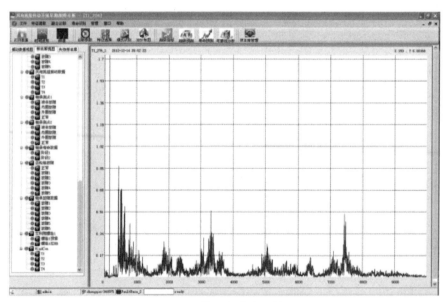

图 5.10　信号频谱分析结果

特征提取主要包括了信号消噪处理、高维故障特征集提取、特征选择、高维特征集的维数约简以及新增样本嵌入算法。本系统给各个部分提供了多种可供选择的方法，如图 5.11 所示。

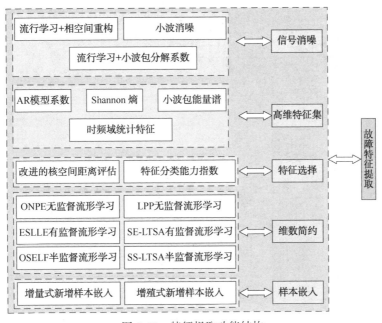

图 5.11　特征提取功能结构

系统的故障特征提取部分的软件实现如下：

① 信号预处理

风电机组传动系统的工作环境十分恶劣，在各种干扰的影响下，采集得到的振动信号中存在有大量的噪声成分。在进一步处理之前，必须对原始振动信号进行消噪处理。这里提供了多种可选的消噪方法，包括小波消噪方法、基于流形学习与相空间重构的消噪方法和流形学习与小波包分解系数的消噪方法。此外，对原始振动信号还需要进行去直流分量等处理，以便于后续的故障诊断。图 5.12 为系统的信号消噪处理功能部分。

② 高维故障特征集

风电机组传动系统早期故障特征微弱，单域特征无法有效地表征早期故障。对此，系统提供了多种特征集来构建故障特征集，包括时频域统计特征集、小波包能量谱特征集、AR 模型系数、瞬时幅值 Shannon 熵等多种特征提取方法，用户也可以对这几种特征集任意搭配使用。由于高维故障特征集中包含了大量的干扰特征和噪音特征，根据改进的核空间距离评估方法对特征集进行特征选取，提出特征集中部分干扰特征和噪音特征。此外，系统还提供了各特征的分布图，用户也可以根据自己的经验选择相应特征进行选择。图 5.13 给出了高维故障特征提取参数的设置界面。

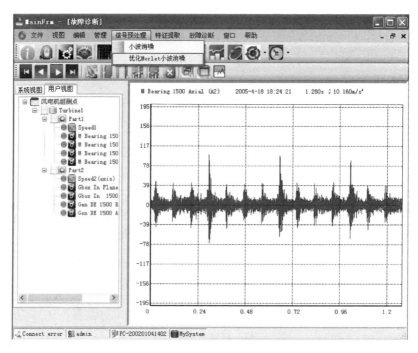

图 5.12　信号消噪处理界面

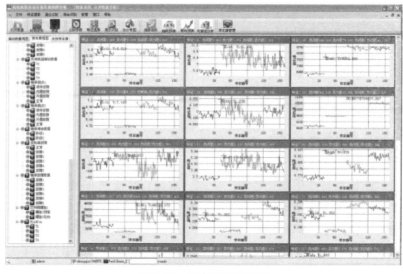

图 5.13　混合域特征提取

③ 维数约简

高维特征集中包含了大量的冗余信息和冲突信息，因此需要采用非线性维数约简方法对特征集进行维数约简处理。为了方便系统进一步进行功能扩展，以及需要根据数据样本不同而采取不同的维数约简策略，这里提供了3种维数约简模式：无监督维数约简、有监督维数约简以及半监督维数约简。当样本没有类别标签信息以及针对寿命趋势预测或者剩余寿命评估等连续变化的情况时，只能采用无监督方法进行处理。在有标记样本充裕的情况下或者是所有样本都有明确的类别信息时，采用有监督流形学习方法进行维数约简。而当只有部分样本具有标签信息时则采用半监督流形学习方法进行维数约简。此外，针对新增样本动态添加的问题，系统提供了增量式动态样本添加方法和增殖式样本嵌入方法供用户选择。经流形学习约简后的特征空间分布如图5.14所示。

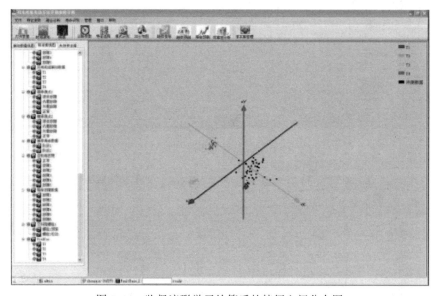

图5.14 监督流形学习约简后的特征空间分布图

④ 故障模式识别模块

风电机组传动系统的运行工况比较复杂，通过监督流形学习对振动信号提取的故障特征值与故障类别之间没有固定的对应关系，必须通过学习训练来建立故障特征向量与故障类别之间的一一对应关系。系统采用 LS-SVM 作为故障模式识别算法来训练故障诊断模型，模型的参数采用提出 EPSO 算法进行优化选取。故障诊断模块的参数设置如图5.15所示，用户可以设定 LS-SVM 的核函数以及参数设定方式，包括手动设置和采用 EPSO 进行自动设定。最后，故障诊断的结果显示界面如图 5.16 所示，结果显示故障诊断识别出的测试样本的故障类别。在工程应用中，通常情况都是采集多组测试样本来进行故障诊断，这样可以提高故障诊断的精度，这里计算出了测试样本类别为各故障类别的概率，通常情况下将概率最大的故障类别识别为测试样本的类别。

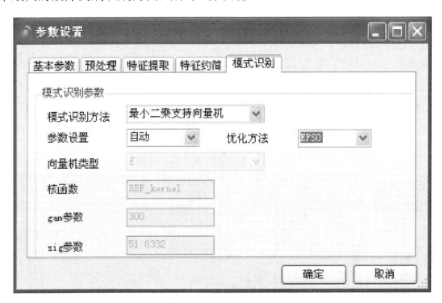

图 5.15　故障诊断参数设置

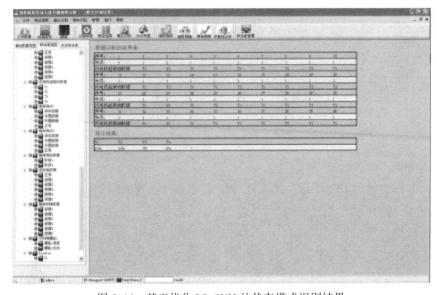

图 5.16　基于优化 LS-SVM 的状态模式识别结果

## 5.3　应用实例

将该系统应用于内蒙古大唐乌力吉 2MW 风场的风力发电机组传动系统状态监测，分别对风力发电机组几个不同的时间阶段进行了振动信号采集。测试中采用 NI cDAQ-9188 作为采集器，振动信号采集模块使用了 4 通道的 NI 9234 模块，振动信号和转速信号通过 NI-9188 以太网传回监测计算机。由于风电机组传动系统的转速不稳定，为了便于后续分析，这里只在转速达到 1760r/min 时才进行振动信号的采集，分别在 2011 年 10 月、2012 年 5 月、2012 年 10 月和 2013 年 4 月进行了 4 次振动信号采集。信号采集现场如图 5.17 所示。

图 5.17　风电机组传动系统信号测试现场

这里对风电机传动系统低速端主轴轴承的振动信号进行了分析，在主轴轴承端面安装了两个测点，采样频率设置为 512Hz。设定 4 个时间阶段的风电机组状态分别为 2011 年 10 月→T1、2012 年 5 月→T2、2012 年 10 月→T3、2013 年 4 月→T4。分别在风电机组传动系统各时间阶段下测取 40 组样本作为训练样本，每组样本的长度为 2048 点。首先对振动信号进行非线性维数约简，并从消噪后振动信号的小波包分解信号中提取出时频域统计特征、AR 模型系数、小波包分解能量谱、瞬时幅值 Shannon 熵等组成原始高维故障特征集，最终得到的高维故障特征集的维数为 112。通过改进的核空间距离评估算法进行特征选取，提出特征集中部分噪声特征和干扰特征。采用监督流形学习进行维数约简，这里设定维数约简的目标维数为 3、邻域大小为 9。图 5.18 给出了维数约简的结果。

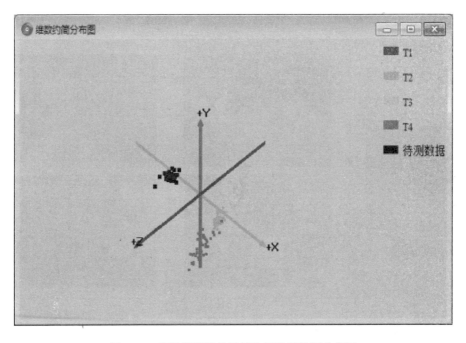

图 5.18　半监督流形学习算法提取的数据分布图

将获得的低维故障样本输入 LS-SVM 来进行故障诊断模型训练，建立起状态样本与状态之间的对应关系，采用 EPSO 进行模型参数优化选取。用 T3 阶段的振动信号进行状态识别，采用增量式新增样本嵌入方法将测试样本嵌入低维特征空间，最终得到的状态识别率为 85%。主轴径向传感器的状态识别诊断结果如图5.19 所示。

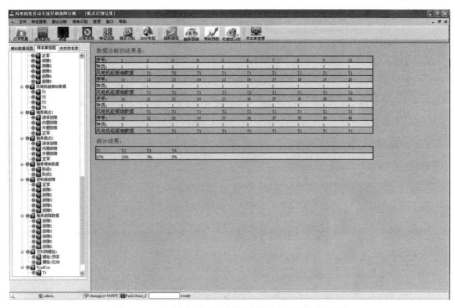

图 5.19　主轴径向传感器的状态识别诊断结果

# 参 考 文 献

[1] 丁显. 风电机组传动链复合故障特征提取方法研究[D]. 华北电力大学(北京)，2018.

[2] 李贺. 基于核主元分析的风电机组变桨距系统故障诊断研究[D]. 沈阳工业大学，2017.

[3] Peter F O, Jakob S, Michel K. Fault-tolerant control of wind turbines：A benchmark model [J]. IEEE Transactions on Control Systems Technology，2013，21(4)：1168-1182.

[4] 郭俊宸，赵慧丽，顾开祥. 基于风电机组监控安全通信的系统设计[J]. 电子制作，2022，30(04)：6-9.

[5] 杨祝刚. 风电机组齿轮箱常见故障统计及分析[J]. 东方电气评论，2018，32(03)：45-48.

[6] 刘秀丽，徐小力. 大型风力发电机组故障诊断专家系统[J]. 设备管理与维修，2018(13)：10-12.

[7] 李小青. 基于模糊专家系统的故障诊断方法研究[J]. 农机化研究，2006(04)：79-82.

[8] 李云. 大型风力机的故障诊断专家系统[D]. 沈阳：沈阳工业大学，2008.

[9] 龙霞飞，杨苹，郭红霞，伍席文. 大型风力发电机组故障诊断方法综述[J].

[10] 金晓航，孙毅，单继宏，吴根勇. 风力发电机组故障诊断与预测技术研究综述[J]. 仪器仪表学报，2017，38(05)：1041-1053.

[11] 赵洪山，连莎莎，邵玲. 基于模型的风电机组变桨距系统故障检测[J]. 电网技术，2015，39(02)：440-444.

[12] 曾军，陈艳峰，杨苹，郭红霞. 大型风力发电机组故障诊断综述[J]. 电网技术，2018，42(03)：849-860.

[13] 申戬林，王灵梅，孟恩隆，郭东杰. 改进小波包联合 PNN 的风电故障诊断研究[J]. 可再生能源，2014，32(04)：412-417.

[14] 罗毅，甄立敬. 基于小波包与倒频谱分析的风电机组齿轮箱齿轮裂纹诊断方法[J]. 振动与冲击，2015，34(03)：210-214.

[15] 李辉，郑海起，唐力伟. 基于 EMD 和包络谱分析的轴承故障诊断研究[J]. 河北工业大学学报，2005(01)：11-15.

[16] 卢珍. 关于经验模态分解与整体经验模态分解的分离效果差别的探讨[J]. 科学技术与工程，2011，11(33)：8353-8356.

[17] 宗永涛，沈艳霞，纪志成，等. 基于形态学滤波和 EEMD 方法的风力发电系统滚动轴承故障诊断[J]. 机械传动，2014，38(11)：116-120.

[18] 郑小霞，周国旺，任浩翰，符杨. 基于变分模态分解和排列熵的滚动轴承故障诊断[J]. 振动与冲击，2017，36(22)：22-28.

[19] 王振威. 基于变分模态分解的故障诊断方法研究[D]. 燕山大学，2015.

[20] 王凤霞. 基于小波神经网络的风力发电机组故障诊断方法的研究[D]. 华北电力大学, 2013.

[21] 陈维兴, 崔朝臣, 李小菁, 赵卉. 基于多种小波变换的一维卷积循环神经网络的风电机组轴承故障诊断[J]. 计量学报, 2021, 42(05): 615-622.

[22] 戴毅, 胡立锦, 张新燕. 小波包分析和神经网络在风电机组变频器故障诊断中的应用[J]. 电力与能源, 2012, 33(02): 155-158.

[23] 沈艳霞, 周文晶, 纪志成, 吴定会. 基于小波包与SVM的风电变流器故障诊断[J]. 太阳能学报, 2015, 36(04): 785-791.

[24] 祝若男, 廖家平, 贺诚. 一种提高风力发电系统稳定的方法研究[J]. 湖北工业大学学报, 2015, 30(02): 82-85+120.

[25] 熊中杰, 邱颖宁, 冯延晖, 程强. 基于机器学习的风电机组变桨系统故障研究[J]. 太阳能学报, 2020, 41(05): 85-90.

[26] 王波, 王志乐, 熊鑫州, 张健康. 一种改进的MRVM方法及其在风电机组轴承诊断中的应用[J]. 太阳能学报, 2021, 42(01): 215-221.

[27] 田树仁. 基于小波变换和粗糙集的风电变流器故障诊断[J]. 沈阳工业大学学报, 2018, 40(06): 620-626.

[28] 王晓东, 杨苹, 龙霞飞, 唐惜春, 管品发. 基于DRSA和BP神经网络风电机组检修决策[J]. 电力系统及其自动化学报, 2019, 31(11): 81-85+102.

[29] 高峰, 邓星星, 刘强, 杨锡运, 吴小江. 大型风电机组电动变桨系统变桨角度故障诊断[J]. 太阳能学报, 2020, 41(05): 98-106.

[30] 张盈盈, 潘宏侠, 郑茂远. 基于小波包和Hilbert包络分析的滚动轴承故障诊断方法[J]. 电子测试, 2010(06): 20-23+56.

[31] 杨娜, 沈亚坤. 基于ELMD和MED的滚动轴承早期故障诊断方法[J]. 轴承, 2018(08): 55-59.

[32] 李瀚, 杨晓峰, 邓红霞, 常莎, 李海芳. 基于网格搜索算法的PCNN模型参数自适应[J]. 计算机工程与设计, 2017, 38(01): 192-197.

[33] 申慧珺, 席慧, 谢刚. 改进的网格搜索算法在SVM故障诊断中的应用[J]. 机械工程与自动化, 2012(02): 108-110.

[34] 陈法法, 刘莉莉, 刘芙蓉, 肖文荣, 陈保家, 杨勇. 归一化小波熵与RVM的滚动轴承运行可靠度预测[J]. 振动与冲击, 2020, 39(08): 8-14.

[35] 屈中阳, 李鸿光. 一种改进的集合平均经验模态分解去噪方法[J]. 噪声与振动控制, 2014, 34(05): 171-176.

[36] 王朝阁, 李宏坤, 胡少梁, 胡瑞杰, 任学平. 利用参数自适应多点最优最小熵反褶积的行星轮轴承微弱故障特征提取[J]. 振动工程学报, 2021, 34(03): 633-645.

［37］Mc Donald G L，Zhao Q. Multipoint optimal minimumentropy deconvolution and convolution fix：Applicationto vibration fault detection［J］. Mechanical Systems andSignal Processing，2017，82：461-477.

［38］Wang Z，Du W，Wang J，et al. Research and applica-tion of improved adaptive MOMEDA fault diagnosis method［J］. Measurement，2019，140：63-75.

［39］吕中亮. 基于变分模态分解与优化多核支持向量机的旋转机械早期故障诊断方法研究［D］. 重庆大学，2016.